복거일 생명 예찬

생명의 안팎을 살피는
복거일의 과학적 성찰,
애써 숨기고 있는 투병에의 인고.

복거일
생명 예찬

복거일 지음 **조이스 진** 그림

살림

서문

자연이라는 경외감

우리 눈길은 멀리 미치지 못한다. 자신의 몸과 마음을 깊이 살피기 어렵고 광막한 우주의 이치를 헤아리기 어렵다. 우리의 지각과 생각은 이 험한 세상에서 오늘 밤을 넘기는 데 매달린다.

과학이 발전하면서, 우리는 그런 제약에서 차츰 벗어났다. 덕분에 세상의 깊은 이치를 깨닫게 되었고 무심히 지나쳤던 세상의 모습에서 그런 이치가 작동하는 과정을 살피게 되었다. 아는 만큼 보인다.

20세기 중엽부터 혁명적으로 발전한 생물학 지식은 이제 완벽한 체계를 갖추고서 생명체들의 구조와 행태만이 아니라 사회의 구조와 작동 방식에 관해서도 통찰을 내놓는다. 처음 모습을 드러냈을 때의 생경함이 가셨으면서도 아직 상식의 평범함엔 이르지 않아서, 그런 지식엔 파릇한 기운이 어린다.

영국 문필가 프랭크 레이먼드 리비스는 "시와 그 시대의 지성이 서로 멀어지면, 시는 그리 중요하지 않게 되고 그 시대는 보다 섬세한 지식을 갖추지 못할 것"이라고 말했다. 과학 지식을 얘기하다보면, 어쩐지 미진한 마음이 들기도 하는데, 그럴 때 문득 떠오르는 시 한 구절이 산뜻하게 빈 곳을 채워주는 경험을 여러 번 했다. 딸아이가 그린 삽화들도 글이 미치지 못한 구석들을 채우곤 했다. 딱딱할 수밖에 없는 과학 지식을 부드럽게 그리는 데 시와 그림의 도움을 받은 것은 다행이다.

과학 지식의 도움을 받아 살피면, 산책 길에서 만나는 도심의 허름한 풍경도 자연의 이치에 대한 깊은 경외감을 불러낸다. 그런 경험을 독자들과 공유하라는 월간중앙 한기홍 선임기자의 권유로 월간중앙에 실었던 글들을 살림출판사 심만수 대표의 우정에 힘입어 한데 모아 새 독자들에게 선보인다. 월간중앙의 김홍균 편집장, 살림출판사의 김광숙 상무와 구민준 편집자께 고마움의 말씀을 드린다.

2016년 봄, 복거일

인터뷰: 「월간중앙」 한기홍 선임기자

삶과 죽음의 문제, 과학적 지식으로 살핀다

작가 복거일의 연재 칼럼 '생명 예찬'은 2014년 12월호에 실린 그의 와이드 인터뷰 기사가 계기가 됐다. 치료도 거부한 채 암과 맞서고 있지만 그는 인터뷰 내내 밝은 표정을 잃지 않았다. 위트와 유머가 넘치는 화술도 여전했다. 청년처럼 재기 발랄했고, 아우라는 밝고 따뜻했다. 사선(死線)이 멀지 않음에도, 삶을 바라보는 그의 시선에는 여유와 기품이 느껴졌다.

인터뷰가 끝나고 문득 '삶과 죽음의 에세이'를 지금의 복거일보다 잘 쓸 수 있는 필자는 없을 것이란 생각이 스쳤다. 화가인 딸 조이스 진이 삽화를 그린다면 또 어떨까? 아버지가 딸에게 '생(生)의 과학과 사상'을 고즈넉이 들려주고, 딸은 고마운 마음을 담아 그림으로 화답한다. 곱고 따스한 풍경이 떠올랐다.

'삶과 죽음'을 주제로 한 연재를 시작하자는 편집진의 조심스러운 제안에 복거일은 선뜻 동의해주었다. 집필을 위해 암 치료를 거부한 작가와 아버지의 선택을 옆에서 지켜봐야 하는 딸의 대화다. 부녀 간의 공동작업은 이번이 벌써 다섯 번째다. 두 사람의 호흡과 공명이 이제 성숙의 단계에 접어들었다는 얘기가 되겠다. 새 연재의 흐름과 집필 의도, 소회를 물었다.

'생명 예찬'이란 거대한 주제로 연재를 시작했다. 이 칼럼의 큰 흐름을 요약한다면?

복거일(이하 복): 삶과 죽음을 과학적 지식으로 살피자는 것이다. 근년에 생명 과학이 폭발적으로 발전해 삶에 대해 새로운 통찰이 쏟아졌다. 낡은 지식에 바탕을 둔 상투적 견해를 대신해서 새로운 지식으로 삶을 살피는 것이 긴요하다.

소멸해야 하는 운명을 타고난 인간이 그럼에도 불구하고 삶을 긍정한다면, 그 에너지는 어디에서 비롯된 것인가?

복: 보다 생명력이 강한 존재들이 살아남은 진화의 과정이다.

불교의 인식처럼 삶을 얻는 것이 하나의 고(苦)에 불과하다면 우리 삶의 행복은 어떻게 규정해야 하나?

복: 삶의 괴로움은 사람이 세상과 자신을 깊이 인식하게 되면서 부수적으로 나온 현상이다. 괴로움에서 완전히 벗어나려 애쓰면 오히려 그 노력이 자칫 삶을 해칠 수도 있다.

생물학 전공에서 미술로 인생의 진로를 바꾼 계기와 동기가 궁금하다.

조이스 진(이하 진): 대학 졸업 후 대학원에 진학했는데 실험실 생활을 하다 건강이 안 좋아졌다. 어릴 적부터 그림 그리는 걸 좋아해서 진로를 바꿨다. 그럼에도 내 그림의 바탕은 대학에서 전공한 생물학이다. 생명에의 경외감이다.

아버지와 같이 새로운 기획을 시작하면서 나눴던 대화와 소통의 내용은?

진: 평소와 다른 대화는 없었다. 그림 그리는 데 참고하라고 오래된 알래스카 사진집을 보여주셨다. 젊었을 적 출장을 가서 앵커리지 공항까지만 가보고 환승한 것이 아쉽다고 하셨다. 그래서 저 역시 헬싱키 공항에서 창 너머로 자작나무 숲만 보고 왔다고 말씀드렸다.

딸의 입장에서 아버님의 일상을 보고 느낀 점이 있다면?

진: 투병 중임에도 담담하게 생활하시는 모습이 존경스럽다. 어서 돈도 잘 벌고 결혼도 해야 효도할 텐데 그 모든 것이 쉽지만은 않다.

병마와 싸워야 하는 모든 인간에게 들려주고 싶은 말이 있다면?

복: 아픈 사람에겐 어떤 충고나 덕담도 별 도움이 되지 않는다는 생각이다. 병보다는 아직 건강한 부분에 눈길을 주는 것이 혹시 도움이 될지 모르겠다.

'조이스 진'이라는 예명이 갖는 의미는?

진: 어머니의 성을 따른 예명이다. 아버님이 '엄마가 수고를 많이 했으니 예명은 엄마 성을 쓰는 게 좋겠다'고 제안해 그렇게 지었다.

소멸하기 직전까지 혼신의 힘을 기울여 하고 싶은 '운명적 과제'가 있다면?

복: 혼신의 힘을 기울이기보다 좀 여유롭게 죽음을 맞고 싶다.

모든 시작은 작고 겸손해야 한다.

차례

아무도 젊어지지 않고 죽은 사람이 되살아나지 않는다.

바다로 흐른 강물이 거슬러 와서 빗물이 되어 하늘로 오르지 않고,
찬 재에서 불꽃과 장작이 되살아나지 않는다.
휴지통에 버려져 시든 꽃다발이 생기와 향기를 되찾아
젊은 여인의 손에 잡히고
이어 구애하는 젊은 사내의 손으로 되돌아가는 법은 없다.

아무것도 확실치 않다,
확실한 봄 말고는

북한산에서 뻗어 나온 야트막한 산줄기가 사는 곳 바로 뒤에 있다는 것은 보기보다 큰 행운이다. 도심에선 철이 바뀌는 것을 느끼기 어렵지만, 산책에 좋은 야트막한 등성이를 따라 걸으면, 철 따라 바뀌는 숲의 모습을 자연스럽게 음미하게 된다.

뜨습게 입고, 섣달 산길을 오른다. 찬바람이 거칠지만, 새해가 가깝다는 생각에 마음이 덜 춥다. 새해는 해가 가장 짧고 날씨가 가장 추울 때 시작된다. 그런 때에 새해가 시작된다는 것이 마음에 든다. 모든 시작은 작고 겸손해야 한다. 삶이 그리도 힘들고 위험하므로, 우리가 가장 어둡고 추운 때에 한 해를 시작하는 것은 아주 적절하다. 날이 가고 해가 조금씩 길어지면서, 우리 마음도 차츰 밝아질 것이다.

햇볕에서 삶이 나오는 기적

하지 지나 점점 짧아진 해가 동지 넘기고 다시 길어진다는 것은 삶의 기운이 다시 왕성해진다는 것을 뜻한다. 그래서 옛적부터 사람들은 동지에 큰 뜻을 부여했다.

아일랜드의 뉴그레인지 유적과 영국의 스톤헨지 유적은 신석기 시대부터 동지가 사람들에게 특별한 날이었음을 말해준다. 기원전 3,200년 전에 세워진 뉴그레인지는 중심축이 동지의 일출 방향을 정확하게 가리키고, 기원전 3000년에서 2000년 사이에 세워진 스톤헨지는 중심축이 동지의 일몰 방향을 정확하게 가리킨다.

태양신을 숭상하는 페르시아 제국의 미트라교(mithraism)는 동지에 태양의 부활을 기렸다. 크리스마스는 4세기 후반 로마제국에서 성행했던 미트라교의 전통에서 유래했다. 우리나라에서도 동지를 아세(亞歲)로 삼아 갖가지 행사로 축하했다. 궁궐에선 연회가 열렸고 민가들에선 팥죽을 쑤어 먹었다.

이처럼 사람들이 해를 기리는 것은 자연스럽다. 햇볕은 삶의 원천이다. 모든 생명체들을 만들고 움직이는 생물적 에너지는 궁극적으로 햇볕에서 나온다. 녹색 식물들, 자색 조류 그리고 남색 세균들은 햇볕의 에너지를 이용한 광합성을 통해서 탄수화물을 만들어낸다. 이 지구 위에 존재하는 모든 생명체들은 그 자양을 먹고 산다.

이것은 초등학교 학생들도 다 아는 상식이지만, 찬찬히 생각해보면, 광합성은 참으로 신기한 현상이다. 광합성은 19세기 처음 밝혀졌고, 삶에 관한 지식들이 폭발적으로 늘어나는 지금도 광합성의 모든 과정들이 밝혀진 것은 아니다. "불에 의해 이루어지는 것은, 용광로에서든 부엌에서든, 연금술이다"라는 중세 말기의 석학 파라켈수스의 얘기는 그리도 적절하다. 그는 태양 속에서 일어나는 복잡한 핵융합 과정에 대해서 알지 못했지만, 실은 태양이 불덩어리라는 사실도 몰랐을 수 있지만, 태양 속에서 일어나는 반응은 문자 그대로 연금술이다. 직접적으로는 새로운 원소들을 만들고 간접적으로는 이곳 지구에 생명이 태어날 수 있도록 한다.

우주에 관한 근본적인 이론, 열역학

신기한 현상들도 그것을 설명하는 지식이 나오면 평범하게 된다. 그래서 우리는 햇볕에서 삶이 나오는 기적을 기적으로 보는 경우가 드물다. 그러나 그것은 들여다볼수록 신기해지는 기적이다.

우주는 점점 혼돈스러워진다. 우주의 엔트로피가 점점 늘어난다는 열역학 제2법칙은 어김없이 작용한다. 엔트로피는 어떤 체계에서 일을 할 수 없는 에너지를 재는 양이다. 어떤 일이 수행되면, 에너지의 상당 부분은 열로 분산되고 그 에너지는 다시 일을 할 수 없게 된다. 열은 찬 물체로부터 더운 물체로 옮아갈 수 없다. 열은 분자들의 무작위적 움직임이므로, 시간이 지날수록 우주엔 질서가 줄어든다. 궁극적으로 우주는 열에너지로 가득해져서 질서는 사라질 것이고 아무런 일도 수행될 수 없을 것이다. 자연히, 생명도 존재할 수 없을 것이다.

우주에 관한 근본적 이론인 열역학은 세 법칙들로 이루어졌다. 흔히 '에너지 보존 법칙'이라 불리는 제1법칙은 "우주의 에너지는 언제나 그대로다"이다. 제2법칙은 "우주의 엔트로피는 극대화를 지향한다"이고 제3법칙은 절대온도에서의 엔트로피를 다룬다. 열평형에 관한 법칙은 뒤늦게야 열역학의 가장 근본적인 법칙임이 밝혀졌고 그래서 제0법칙이라 불린다.

제2법칙은 여러 자연법칙들 가운데 우리 경험에 딱 들어맞는 단 하나의 법칙이다. 뉴턴의 역학, 전기역학, 상대성원리, 그리고 양자역학과 같은 다른 근본적 법칙들은 시간에 대해 대칭적이다. 즉 과거와 미래를 구별하지 않는다. 열역학 제2법칙만이 그 둘을 구별해서 엔트로피가 증가하는 방향을 '미래'라 부른다.

제2법칙만이 시간에 대해 비대칭적인 까닭은 지금 물리학의 가장 큰 수수께끼다. 뉴턴의 역학이 개별 입자의 행동을 다루고 열역학이 입자의 집단을 다루므로, 열역학 제2법칙은 공리적(axiomatic)이 아니고 뉴턴의 역학에서 도출될 수 있다는 가정이 자연스럽게 나온다. 즉 많은 입자들이 모이면, 개별 입자의 움직임에선 볼 수 없는 비가역성(irreversibility)이 어떤 과정을 거쳐 나온다는 얘기다. 물질의 조직 수준이 높아지면, 낮은 수준에서는 없던 창발적 특질(emergent property)이 나타난다. 생명현상은 대표적이다. 엔트로피의 증가도 그런 창발적 특질이라는 것이다.

어쨌든, 우리는 열역학 제2법칙이 옳다는 것을 날마다 확인한다. 아무도 젊어지지 않고 죽은 사람이 되살아나지 않는다. 바다로 흐른 강물이 거슬러 와서 빗물이 되어 하늘로 오르지 않고, 찬재에서 불꽃과 장작이 되살아나지 않는다. 휴지통에 버려져 시든 꽃다발이 생기와 향기를 되찾아 젊은 여인의 손에 잡히고 이어 구애하는 젊은 사내의 손으로 되돌아가는 법은 없다.

모든 분자들은 끊임없이 무작위적으로 움직인다. 즉 열이 있다. 따라서 소수의 분자들은 어떤 질서를 이룰 수 없다. 아주 많은 분자들이 모여야, 그것들을 통제하는 어떤 질서가 생길 수 있다. 그래서 생명체는 모두 엄청나게 많은 분자로 이루어졌다. 아주 작아서 눈에 보이지 않는 세균도 엄청난 수의 분자로 이루어진다. 그것이 생명의 가장 근본적 조건이다.

이렇게 보면, 생명현상은 이 우주의 근본 원리인 열역학 제2법칙을 거스른다. 태양의 핵융합 반응에서 나온 햇볕의 에너지를 이용해서 자신의 환경에 가득한 엔트로피를 몰아내고 부분적으로 질서를 만들어내는 것이다. 슈뢰딩거의 멋진 표현대로, "유기체가 먹는 것은 음 엔트로피(negative entropy)다." 그렇게 음 엔트로피를 먹지 못하면, 엔트로피가 증가한다. 그리고 엔트로피가 극대화되면, 죽음에 이른다.

그래서 생명현상은 그리스의 비극처럼 영웅적이면서 비극적이다. 우주의 근본 원리를 거스른다는 점에서 영웅적이고 궁극적으로는 근본 원리를 거스를 수 없다는 점에서 비극적이다.

삶의 근원을 그리워한 시를 추억하며

해가 넘어가면, 생명체들은 해가 다시 솟기를 기다린다. 밤에 활동하는 동물들까지도 그렇다. 어두움이 오래 지속되면, 삶의 과정은 이어지기 어렵다. 겨울엔 여러 날 해를 볼 수 없는 북극의 원주민들이 마침내 다시 솟을 해를 맞으려고 경건한 자세로 선 모습은 우리에게 햇볕의 소중함을 일깨워준다.

해야 솟아라. 해야 솟아라.
말갛게 씻은 얼굴 고운 해야 솟아라.
산 넘어 산 넘어서 어둠을 살라먹고,
산 넘어 밤새도록 어둠을 살라먹고,
이글 이글 앳된 얼굴 고운 해야 솟아라.

달밤이 싫여, 달밤이 싫여,
눈물 같은 골짜기에 달밤이 싫여,
아무도 없는 뜰에 달밤이 싫여.

박두진이 「해」에서 노래한 것처럼, 산은 당연히 청산이 좋다.

아쉽게도, 대도회 근교의 겨울 산은 청산이 아니다. 활엽수들이 대부분이라, 갈색 바탕에 드문드문 침엽수의 푸른빛이 어린다.

어릴 적 눈을 이고 오히려 푸르르던 칠갑산 줄기 소나무들이 그리워진다. 문득 내 입가에 야릇한 웃음이 어린다. 상당히 깊은 뜻을 지닌 반어(反語) 하나가 생각난 것이다.

청산을 좋아하는 것은 사람만이 아니다. 모든 동물들은 푸른빛을 본능적으로 좋아한다. 푸르른 풍경은 동물들의 생존에 필요한 식물들이 있음을 가리킨다. 동물들의 궁극적 먹이는 광합성을 하는 푸른 식물들이다.

그러나 푸른빛 자체는 푸른 식물의 광합성과 관련이 가장 작은 빛깔이다. 햇볕의 모든 파장들이 광합성을 지탱하는 것은 아니다. 푸른 식물들의 경우, 광합성이 가장 활발한 파장은 엽록소(chlorophyll)의 흡수 파장들인 남청색(violet-blue)이다. 광합성의 주체인 엽록소가 흡수하지 못한 파장들이 남아서 식물들의 빛깔을 결정한다. 그래서 광합성을 가장 못 하는 푸른빛이 식물들을 상징하게 된 것이다. 자연의 이치는 보기보다 훨씬 오묘하고 우리에게 반어적으로 다가오는 경우들도 많다.

해가 삶의 근원이므로, 일본의 혹독한 지배 아래서 희망을 잃고 절필을 했던 시인들이 해를 찬양한 것은 자연스럽다.

사슴을 따라, 사슴을 따라,

양지로 양지로 사슴을 따라,

사슴과 만나면 사슴과 놀고,

칡범을 따라, 칡범을 따라,

칡범을 만나면 칡범과 놀고……

해야, 고운 해야,

해야 솟아라.

꿈이 아니래도 너를 만나면

꽃도 새도 짐승도

한자리에 앉아,

워어이 워어이 모두 불러 한자리에 앉아,

애띠고 고운날을 누려보리라.

해가 그렇게 중요하고 잠시라도 사라지면 그리도 그립기에, 우리는 일본의 지배에서 벗어난 일을 광복이라 부른다.

얼어붙은 땅은 단단하고 미끄럽다. 그래도 동지 지나면, 차츰 햇볕이 길어지고 얼음은 조금씩 녹을 것이다. 점점 길어지고 따뜻해지는 햇살에 내 마음의 해안에 밀려온 어둑한 상념의 빙산들도 차츰 녹을 것이다. 그리고 내가 딛고 선 단단한 땅속에선 씨앗들이 보얀 싹으로 변신할 날을 서두름 없이 기다릴 것이다.

산등성이로 난 산책 길엔 낙엽들이 눈과 얼음 속에 누워 있다. 토양이 산성이어서, 세균들이 살 수 없으므로, 낙엽들이 썩지 않는다. 그래서 땅이 무척 척박하다. 어릴 적 내가 쏘다닌 칠갑산 둘레의 푸근한 산들과는 크게 다르다.

낙엽을 태우고 싶은 충동이 인다. 땅을 기름지게 하는 데는 재만한 것이 없다. '산불을 내지 않고 낙엽만 태울 수 있다면?' 아쉬운 마음으로 헐벗은 땅을 둘러본다.

내 가슴에도 썩지 못한 채 쌓인 낙엽들이 많다는 생각이 든다. 실망과 좌절과 깨어진 꿈의 조각들이 마른 잎새들처럼 바람에 쓸려 다니는 가슴속 풍경을 좀 정리할 때가 되었다는 생각이 이어진다. 어쩌면 그것들을 먼저 태워야 할지도 모른다.

영국 시인 로버트 로런스 비년의 아름다운 시 「낙엽 태우기(The Burning of the Leaves)」의 한 구절을 뇌어본다.

> 지금은 넋의 알몸을 드러낼 때다,
>
> 끝나버린 날들을 태울 때다.
>
> 지나간 것들의 한가로운 위안,

근거 없는 희망과 열매 맺지 못할 욕망이 저기 있다:

그것들이 뒤돌아보지 않고 불로 가도록 하라.

우리 것이었던 세계는 더는 우리 것이 아닌 세계다.

Now is the time for stripping the spirit bare,

Time for the burning of the days ended and done.

Idle solace of things that have gone before,

Rootless hope and fruitless desire are there:

Let them go to the fire, with never a look behind.

That world that was ours is a world that is ours no more.

낙엽과 마른 줄기들을 태워 재를 만들고 논둑 따라 쥐불 놓던 어릴 적 세상은 오래전에 내게서 사라졌다. 하긴 성냥을 쓰는 일이 거의 없는 세상이다.

유난히 고운 단풍잎 하나를 집어 들고 살핀다. 갈퀴로 나뭇잎을 긁어서 땔감으로 쓰던 어릴 적 기억이 짙게 몰려온다. 손이 근질거린다. 영국 석학 제이콥 브로노프스키의 말대로, "손은 마음의 깎는 날이다(The hand is the cutting edge of the mind)." 손을 부지런히 써야 했던 농촌의 어린 시절이 큰 복이었다는 생각이 든다.

그래서 생명현상은 그리스의 비극처럼
영웅적이면서 비극적이다.
우주의 근본 원리를 거스른다는 점에서
영웅적이고 궁극적으로는
근본 원리를 거스를 수 없다는 점에서
비극적이다.

내 몸은 부모님 몸의 재생이다.
물론 부모님 몸은 그분들 부모님 몸의 재생이었다.
생명은 생명에서만 나온다.
그래서 자신에 대해 알려면,

우리는 먼저 선조들이 누구인지 알아야 한다.

손에 들고 살피는 단풍잎이 축축한 잎새들이 내던 매캐하면서도 향긋한 연기의 기억을 불러온다. 그리고 그렇게 탄 잎새들과 줄기들이 불러오던 보얀 봄철을.

잎새와 꽃, 그것들은 다시 올 것이다,

썩음의 더러움에서 옛적 광휘로 일어나

감탄하는 기억에 마법적 냄새를 불러오려고;

다른 눈들에 같은 영광을 비치려고.

땅은 자신의 폐허만 챙길 뿐, 우리 것엔 마음 쓰지 않는다.

아무것도 확실치 않다, 확실한 봄 말고는.

They will come again, the leaf and the flower, to arise

From the squalor of rottenness into the old splendour,

And magical scents to a wondering memory bring;

The same glory, to shine upon different eyes.

Earth cares for her own ruins, naught for ours.

Nothing is certain, only the certain spring.

확실치 않다는 것은 우리의 자유 의지가 움직일 틈새가 있다는 얘기도 된다. 모든 것이 확실한 세상이라면, 생명은 나오기 힘들었을지도 모른다. 그렇다, 아무것도 확실치 않다, 확실한 봄 말고는.

모든 생명의 야심은 재생이다. 이 세상에선 무엇도 영원히 존속하지 못한다.
목숨이 가장 긴 별까지도 영속할 수는 없다.
여린 목숨을 지닌 생명체는 끊임없이 상처와 낡은 부분을 수리해야 생존할 수 있다.
그러나 그런 수리에는 한계가 있고, 일정 기간이 지나면,
너무 낡아서 제대로 기능할 수 없게 된다.

목숨을 이어가려면, 재생이 필요하다.

나를 깨트려다오, 위대한 바람이여

산책 길 따라 말라버린 풀 줄기들이 겨울바람에 떤다. 아직 꿋꿋하고 유연해서, 비탈을 타고 오르는 북서풍을 견딘다. 잠시 걸음을 멈추고 감탄하는 눈길로 흔들리는 풀 줄기들을 새삼스럽게 살핀다. 이 우주의 혹독한 환경에서 살아남으려면, 당연히 몸이 튼튼해야 한다. 그래서 생명이 나가도, 말라버린 몸은 한동안 꿋꿋이 버티는 것이다. 산비탈엔 열 몇 해 전 모진 바람에 쓰러진 아카시나무 둥치들이 아직 옛 모습을 지니고 누웠다. 누르스름한 이끼를 옷으로 덮고 마른 덩굴을 허리띠로 두른 모습이 의젓하다.

목숨이 다한 몸은 모두 흙으로 돌아간다. 부지런한 벌레와 세균들의 도움을 받아 낡은 몸은 차츰 분해되어 흙을 기름지게 한다. 덕분에 보다 많은 후손이 자란다. 지금 지구를 덮은 거대하고 다양한 생태계는 짧은 세월에 생긴 것이 아니다. 짧은 목숨을 지닌 우리로선 상상하기도 힘든 세월을 지나 꾸준히 자라난 것이다.

비록 소멸의 긴 여정에 올랐어도, 마른 풀 줄기들은 정말로 죽은 것이 아니다. 작년에 날리던 홀씨들을 기억하는가, 풀들은 묻는다. 봄이 오면, 씨는 싹터서 자라나리라. 저 풀들은 자신이 남긴 씨를 통해 목숨을 이으리라. 생명체는 그런 재생(regeneration)을 통해서 목숨을 잇는다. 이 산비탈을 덮은 초목들은 자신들의 궁극적 야망을 이룬 것이다.

신의 요람을 굽어보는
천사처럼 이름 없이,
내 벌어진 꼬투리에서 나온
하얀 씨들이 떠다닌다.
내가 무슨 힘이 있었나
내가 굽히는 것을 배우기 전엔?
나를 깨트려다오, 위대한 바람이여:
나는 들판을 차지하리라.

Anonymous as cherubs

Over the crib of God,

White seeds are floating

Out of my burst pod.

What power had I

Before I learned to yield?

Shatter me, great wind:

I shall possess the field.

미국 시인 리처드 윌버의 「목장의 두 목소리(Two Voices in a Meadow)」에 나오는 유초(milkweed, 흰 유액을 분비하는 식물)의 얘기처럼, 모든 생명의 야심은 재생이다. 이 세상에선 무엇도 영원히 존속하지 못한다. 목숨이 가장 긴 별까지도 영속할 수는 없다. 여린 목숨을 지닌 생명체는 끊임없이 상처와 낡은 부분을 수리해야 생존할 수 있다.

그러나 그런 수리에는 한계가 있고, 일정 기간이 지나면, 너무 낡아서 제대로 기능할 수 없게 된다. 목숨을 이어가려면, 재생이 필요하다.

자연의 경이적인 발명은
자연이 긴 세월 동안 갖가지 실험을 통해서
가장 나은 길을 찾아낸 덕분이다.
생명이 처음 지구에 나타난 때부터 흐른
40억 년의 세월은
온갖 실험이 나올 수 있을 만큼 길다.
그렇게 시행착오 과정을 거쳐
가장 나은 길을 찾는 모습을

우리는 진화라 부른다.

비록 소멸의 긴 여정에 올랐어도,
마른 풀 줄기들은 정말로 죽은 것이 아니다.
작년에 날리던 홀씨들을 기억하는가, 풀들은 묻는다.
봄이 오면, 씨는 싹터서 자라나리라.
저 풀들은 자신이 남긴 씨를 통해 목숨을 이으리라.
생명체는 그런 재생을 통해서 목숨을 잇는다.
이 산비탈을 덮은 초목은
자신의 궁극적 야망을 이룬 것이다.

자연이 시행착오를 거쳐 찾아낸 길, 진화

우리가 보기에 식물과 동물은 뚜렷이 다르지만, 생물학적으로는 아주 가깝다. 무엇보다도, 근본적 중요성을 지닌 재생에서 둘은 같은 방식을 따르니, 식물이나 동물이나 배(embryo, 胚)를 통해서 재생한다. 배가 분열해서 커진 뒤, 식물은 새싹으로 다시 태어나고 동물은 새끼로 다시 태어난다. 사람은 20년이나 30년마다 재생한다. 이 과정은 언뜻 보기에 비효율적으로 보인다. 이미 지닌 몸을 재생하는 것이 훨씬 간단할 것처럼 보인다. 문제는 사람이나 나무와 같은 다세포생물은 엄청나게 많은 세포들로 이루어졌다는 사실이다. 사람의 몸을 이룬 세포의 수는 어림짐작도 힘들지만, 최근에 나온 추산에 따르면, 37조가 넘는다. 많은 세포를 바로 재생하는 방안은 너무 방대해서 비현실적이다. 대신 개체마다 재생의 바탕이 될 성세포를 따로 간직했다가 배우자의 성세포와 결합해서 재생을 수행하는 편이 훨씬 낫다. 자연이 따르는 길은 때로 이해하기 힘들지만, 그 길이 다른 어떤 길보다 낫다.

자연의 위대함은 늘 우리를 감탄하게 한다. 사람이 힘든 시행착오의 과정을 거쳐 어떤 방안을 찾아내면, 자연이 오래전에 그 방안을 찾아냈다는 것이 바로 드러나곤 한다. 인류 문명의 바탕이 된 농사도 개미들이 1억 년 이전에 발명해서 완벽한 형태로 다듬어냈다. 개미들은 나뭇잎을 잘게 썰어서 먹이인 곰팡이를 사육한다. 우리가 자랑하는 민주주의도 벌들이 오래전부터 시행해왔다. 벌집의 벌들이 많아져서 분봉해야 되면, 벌들은 새 여왕을 중심으로 새 집을 찾아 나선다. 둘레를 살피고 돌아온 정찰 벌들은 그들이 발견한 후보지의 모습을 동료들에게 날갯짓으로 설명한다. 그리고 가장 많은 동의를 얻은 곳이 새로운 터전으로 선택된다. 부정선거의 여지가 없는 완벽한 민주주의가 시행되는 것이다. 바퀴는 자연이 발명하지 못했다고 여겨졌지만, 얼마 전에 바퀴를 이용하는 원생동물이 발견됐다. 자연의 경이적인 발명은 자연이 긴 세월 동안 갖가지 실험을 통해서 가장 나은 길을 찾아낸 덕분이다. 생명이 처음 지구에 나타난 때부터 흐른 40억 년의 세월은 온갖 실험이 나올 수 있을 만큼 길다. 자연이 그렇게 시행착오 과정을 거쳐 가장 나은 길을 찾는 모습을 우리는 진화라 부른다.

유전자를 절반만 남기는 이유

자연이 성이라는 혁명적 방안을 찾아낸 것도 활발한 진화를 위해서다. 언뜻 보기엔, 유성생식은 비합리적이다. 혼자 자식을 낳는 무성생식을 하면, 자식은 모두 자기 유전자를 물려받는다. 배우자와 협력하는 유성생식에선 자식은 유전자를 반만 자기로부터 물려받는다. 이런 비합리적 방안을 합리적 방안으로 만드는 것은 위험에 대한 대비다. 환경은 끊임없이 바뀌는데, 어떤 환경에 잘 적응된 개체나 종은 갑자기 나타난 새로운 환경에 제대로 적응할 수 없다. 이런 위험에 대한 근본적 대책은 다양한 자식을 낳는 것이다. 자식의 특질이 서로 상당히 다르면, 환경이 바뀌어도, 살아남는 자식이 있을 가능성이 높아진다. 장기적으로 보면, 유성생식을 통해서 자신의 유전자를 반만 남기는 전략이 무성생식을 통해서 유전자를 모두 남기는 전략보다 훨씬 낫다.

증권시장에서 투자자가 따르는 전략이 바로 이것이다. 투자의 원칙은 되도록 많은 자산과 종목에 나누어 투자해서 위험을 분산하는 것이다. 아무리 유망해도 한두 종목에 자금을 모두 투자하는 것은 어리석다. 사람들이 근대에 깨닫기 시작한 이 사실을 자연은 벌써 몇 십억 년 전에 터득한 것이다.

성은 다양한 개체를 만들어내는 데 아주 효과적이다. 두 개체가 지닌 유전자를 뒤섞어서 부모와는 크게 다른 새로운 개체를 만들어낸다. 이 과정의 핵심은 유전자가 든 세포핵의 감수분열

(meiosis)이다. 이것은 생식체(gamete)를, 즉 난자나 정자를, 만드는 절차다. 감수분열이 시작되면, 쌍을 이룬 염색체가 서로 몸을 맞댄다. 그리고 같은 위치에 있는 유전자 덩이를 교환한다. 이런 과정을 통해서 아버지로부터 물려받은 유전자와 어머니로부터 물려받은 유전자가 뒤섞인다. 이어 두 번의 분열을 통해서 유전자의 반만을 지닌 생식체가 만들어진다. 배우자들의 생식체가 결합해서 수정란이 만들어지고 수정란이 분열해서 배가 생긴다.

이처럼 성은 본질적으로 유전자 뒤섞음(gene-shuffling)이다. 부모와는 되도록 다른 자식들이 나오도록 공을 들이는 것이다. 성을 유전자 뒤섞음이라고 정의하면, 무성생식을 하는 박테리아도 성을 이용해서 유전적 다양성을 추구한다. 어떤 박테리아든지 다른 박테리아와 끊임없이 유전자를 공유한다. 항생제에 대한 내성이 빠르게 확산되는 것은 이런 사정 때문이다.

유성생식처럼 반직관적이고 복잡한 과정을 찾아냈을 만큼 자연은 다양성의 추구에서 적극적이다. 모든 사람이 모든 면에서 똑같은 상황을 이상으로 삼는 사회주의가 비현실적인 것은 이런 사정에서 나온다.

아무리 고귀해 보여도, 그런 이상은 삶의 본질을 이해하지 못한 데서 나왔고 당연히 반생명적이다. 환경에 잘 적응한 종들과 개체들이 살아남아서 제대로 적응하지 못해서 사라진 종들과 개체들이 비운 생물학적 틈새들로 퍼져나가는 진화 과정을 통해서, 아무것도 없던 지구에 지금처럼 거대하고 다양한 생태계가 나왔다. 모든 사람이 모든 면에서 똑같은 상황을 만들어내려면, 진화 과정을 중단시켜야 한다.

사회주의는 끊임없이 실험하고 뻗어나가려는 삶의 동력을 사회의 이름으로 억압한다. 당연히, 그런 사회는 생기를 잃고 정체된다. 게다가 평등을 강제하는 사람들은 엄청난 권력을 쥐게 되어, 상시적 억압과 부패가 나온다. 조지 오웰의 풍자대로, 그런 사회에선 "어떤 동무들이 다른 동무들보다 더 평등하다." 사회주의를 따른 사회가 모두 압제적이고 가난하고 정체한 것은 삶의 근본적 조건을 거스르기 때문이다.

자연의 이치를 거스리지 않고 영원히 살기

발걸음이 생활체육공원에 이른다. 산 중턱을 깎아내고 갖가지 놀이 시설을 만들어놓았다. 사람들에겐 편리하지만, 콘크리트와 인조 잔디를 깔아놓아서, 생물적으로는 불모지다. 인류 문명이 발전할수록 그런 생물적 불모지는 빠르게 늘어난다. 한가로운 생각 하나가 머리를 든다. 여기서 밀려난 생물들은 누가 대변하는가?

추운 날씨에도 신이 나서 소리 지르면서 공을 차는 청소년들의 밝은 모습이 마음을 좀 밝게 한다. 가벼운 탄식이 나온다—삶은 불공평하다. 모든 사람이 평등해야 한다는 주장은 모든 생명체가 평등해야 한다는 주장으로 확장되지 못한다.

다양성을 추구하므로, 삶은 모험적이다. 지금까지 없었던 것을 만들어내고 의도적으로 새로운 영역으로 진출한다. 어린아이는 삶의 기운이 넘치고 새로운 것에 매료되고 위험한 장난을 즐긴다. 그런 모험심을 억누르지 않으면서도 사고가 나지 않도록 하는 것이 아이를 잘 키우는 비법이다. 물론 모든 비법이 그러하듯, 실제로 실행하는 것은 쉽지 않지만. 자식 하나에 정성을 다 쏟는 현대 가정에선 특히 그렇겠지만.

우리 몸은 자식을 통해 재생되고, 대가 끊기지 않는다면, 우리 목숨은 시간적 한도 없이 이어진다. 우리는 흔히 그 사실을 잊고 산다. 그래서 자식들을 낳아 키워서 몸이 생물적 임무를 완수한 뒤에도, 우리는 젊음을 유지하려 무던히 애쓴다. 그리고 다가오는 죽음을 피할 길을 찾는다.

죽음을 피하는 길로는 다음 세상에 다시 태어나는 길이 가장 매력적이다. 실제로 모든 종교는 다음 세상이 있다는 주장에 바탕을 두었다. 우리 몸이 그대로 다음 세상에서 태어난다거나 몸은 썩지만 영혼은 남아서 다음 세상에서 살아간다거나 영혼은 불멸이어서 긴 윤회의 과정을 밟는다는 식이다. 그런 주장들은 죽음의 두려움을 조금은 누그러뜨릴 것이다.

과학은 다르다. 과학은 죽음이란 현상이 실은 생명현상이 사라지는 것을 가리키는 말일 뿐 실체는 없다고 말한다. 다음 세상이 있다는 얘기도 하지 않는다. 몸으로부터 독립된 넋은 없다고 단언한다. 죽음이 두려운 사람에게 과학은 손을 내밀지 않는다. 사람들이 일상적으로 종교 행사들에 참여하지만 과학엔 별다른 애착을 보이지 않는 것이 이상하지 않다.

목숨에 대한 애착이 강한 개체일수록 살아남을 가능성이 높다. 그래서 우리는 모두 목숨에 대한 애착이 크도록 진화했다. 우리는 영원히 늙지 않고 살아가기를 간절히 바란다. 그리고 그리 멀지 않는 미래에 그 소원을 실제로 이룰 것이다. 물론 우리 몸은 여리고 갖가지 사고들을 만나므로, 영생의 길이 열려도, 사람의 평균 수명은 6,000년가량 되리라 한다. 우리 역사가 5,000년이니, 6,000년이면 짧은 목숨이 아니다.

그러나 영생은 자연의 이치에 어긋난다. 낡은 몸은 재생해야 하고, 재생은 새로운 세대가 활동할 무대를 비워줘야 가능하다. 모든 생물들의 몸이 사라지지 않고 그대로 버틴다면, 새로운 개체가 나올 틈이 있겠는가? 사람들이 몇 천 년 동안 산다면, 그 사회는 어떻게 될까? 영생의 가능성은 사람을 아주 조심스럽게 만들어서, 사회는 활력과 혁신을 잃을 것이다. 목숨이 몇 십 년 늘어난 '고령화 사회'의 모습이 우리를 걱정스럽게 하는데, '영생 사회'는 어떠할까?

누구에게나 우주의 중심은 자신이다. 그러나 우리 몸이 자식들을 통해서 재생한다는 사실은 우리가 실은 아득한 선조로부터 시간적 한도 없이 이어질 생명의 줄기가 잠시 취한 모습일 따름임을 일깨워준다. 그런 사실을 잊지 않는 것은 필연적인 죽음을 바라보고 맞는 데 도움이 된다. 자식을 통해 재생함으로써, 우리는 이미 죽음을 벗어난 것이다. 나이 든 사람은 자식을 낳아서 키웠다는 성취감을 품는다. 자식을 낳는 대신 사회의 안정과 발전에 힘을 쏟은 사람들은 그런 성취를 도왔다는 자부심을 지닌다. 한 세대의 모든 공과는 다음 세대에게 물려준 생물적 및 문화적 유산의 크기로 평가된다.

삶이 이어지고 진화한다는 사실을 인식하는 사람들은 서두르지 않는다. 우리는 선조들의 두터운 유산 위에 우리 나름의 얇은 업적 한 겹을 쌓는다는 것을, 당대에 이룰 수 있는 것엔 한계가 있다는 것을, 그리고 재생을 통해서 생명의 줄기는 이어지리라는 것을 안다. 그런 사실을 잊으면, 당대에 영세불변의 사회를 구축하겠다는 '치명적 오만'이 나와서 이 세상을 지옥으로 만든다.

우리는 생명의 줄기를 이어갈 후손들을 믿어야 한다. 삶의 애환을 한껏 노래한 월트 휘트먼처럼.

> 앞으로 나올 시인들이여! 앞으로 나올 연설가들, 가수들, 음악가들이여!
> 오늘은 나를 정당화하고 내가 무엇을 추구하는가 답하는 날이 아니다,
> 그러나 이 땅에서 태어나고, 운동적이고, 대륙적이고, 이전에 알려진 것
> 　　　보다 위대한, 새로운 부류인 당신들은,
> 일어나라! 당신들은 나를 정당화해야 하므로.
>
> 나 자신은 그저 미래를 가리키는 한두 마디를 쓴다,
> 나는 그저 한순간 나아갔다 겨우 돌아서서 어둠 속으로 급히 돌아온다.
>
> 나는 아주 멈추지 않을 채 걸어 다니면서 당신들에게 가벼운 눈길을
> 　　　던지고 바로 얼굴을 돌리는 사람이다,
> 그것을 증명하고 규정하는 일을 당신들에게 남기고,

당신들에게서 중요한 일들을 기대하면서.

Poets to come! Orators, singers, musicians to come!

Not to-day is to justify me and answer what I am for,

But you, a new brood, native, athletic, continental, greater than
before known,

Arouse! for you must justify me.

I myself but write one or two indicative words for the future,

I but advance a moment only to wheel and hurry back in the darkness.

I am a man who, sauntering along without fully stopping, turns a
casual look upon you and then averts his face,

Leaving it to you to prove and define it,

Expecting the main things from you.

「앞으로 나올 시인들이여!(Poets to Come!)」의 호소엔 진정한 성취감이 배었다. 지난 봄철의 꽃들이 다가오는 봄철의 꽃들에게 건넬 이야기를 휘트먼은 대변한 것이다.

죽음을 피하는 길로는 다음 세상에 다시 태어나는 길이 가장 매력적이다.
실제로 모든 종교는 다음 세상이 있다는 주장에 바탕을 두었다.
우리 몸이 그대로 다음 세상에서 태어난다거나
몸은 썩지만 영혼은 남아서 다음 세상에서 살아간다거나
영혼은 불멸이어서 긴 윤회의 과정을 밟는다는 식이다.

그런 주장들은 죽음의 두려움을 조금은 누그러뜨릴 것이다.

은빛 비 내릴 때

"우수, 경칩이면 대동강 물도 풀린다." 어릴 적 추위가 좀 누그러지면 어른들은 그렇게 말하곤 했다. 또 하나의 겨울을 견뎌냈다는 자부심이 어린 목소리로. 대동강은 그만두고라도, 군 복무를 한 장정들 말고는 한강 구경한 사람도 드물었던 1950년대 초엽 충청도 작은 마을의 얘기다. 그만큼 그때는 절기에 대한 관심이 컸다. 삶이 자연과 밀착되었고 모두 농사를 지었으니, 절기와 날씨에 마음 쓰는 것이 당연했다. 추위와 양식 부족으로 겨울을 나기가 워낙 힘들었으므로, 날씨 풀리고 나물 돋는 봄이 요즈음 젊은이들은 상상하기 어려울 만큼 간절히 기다려졌다.

높은 건물과 포장된 도로로 자연이 지워져버린 도시에서 살다 보면, 철이 바뀌는 것을 느끼기 어렵다. 모두 온상에서 키워서, 채소와 과일도 이제는 철이 없어졌다. 삶은 물론 크게 안락해졌지만, 가끔 무엇을 놓친 듯한 느낌이 들기도 한다.

둘러보면, 그래도 봄 기운이 느껴지고 모두 바쁘다. 땅속에선 씨가 싹트고 가지가 좀 파릇해진 나무는 물을 올린다. 사람의 낯빛과 움직임도 활기차다. 간밤에 내린 비로 산비탈 응달의 어름도 녹았을 터이다.

은빛 비 내릴 때

땅은

새 삶을 다시 밀어 올리고,

파란 풀들은 자라고

꽃들 고개를 쳐들고,

온 들판 위에

경이가 퍼진다

삶의,

삶의,

삶의!

은빛 비 내릴 때

나비들은

무지개가 외치는 것을 훔쳐보려

비단 날개 올리고,

나무들은 새 잎들 밀어 올려

하늘 아래 기쁨에 겨워

노래하도록 하는데

아래쪽 길에선

지나가는 소년들과 소녀들

또한 노래하며 지나간다,

은빛 비 내릴 때

봄과

삶이

새로운 때.

In time of silver rain

The earth

Puts forth new life again,

Green grasses grow

And flowers lift their heads,

And over all the plain

The wonder spreads

Of life,

Of life,

Of life!

In time of silver rain

The butterflies

Lift silken wings

To catch a rainbow cry,

And trees put forth

New leaves to sing

In joy beneath the sky

As down the roadway

Passing boys and girls

Go singing, too,

In time of silver rain

When spring

And life

Are new.

활기찬 봄철을 찬양한 미국 시인 랭스턴 휴스의 「은빛 비 내릴 때(In Time of Silver Rain)」는 재즈 같다. 자유롭고 힘이 넘치고 신명이 난다.

그토록 이해하기 어려운 생명

스치는 바람에서 문득 바다 냄새를 맡는다. 환상이었을까? 한강 하구가 멀지 않지만, 바다 냄새가 여기까지 올 가능성은 작다. 그것이 대수랴, 내 핏줄 속엔, 아니 모든 생명체의 몸엔, 바닷물이 흐른다. 우리는 모두 바다에서 왔다. 봄철에 동물들의 혈관마다 식물들의 도관(導管)마다 만조의 물살이 차오르는 것이 조금도 이상할 리 없다.

생명은 여리고도 강인하다. 몸은 작은 충격에도 상할 만큼 여리지만, 그 안에 든 생명의 기운은 혹독한 환경에서도 살아남고 거듭된 좌절을 딛고 일어설 만큼 강인하다. 콘크리트 틈새에서 돋는 풀 줄기, 잘린 교목의 밑동에서 돋는 파란 싹, 너른 바다 건너 찾아오는 철새들, 메마른 바위를 터전으로 삼은 바위옷……. 뿌리를 내리기 어려운 곳에서 돋아난 생명의 모습은 늘 우리 가슴을 감탄과 경외로 채운다.

그러나 눈에 들어오는 모습이 생명현상의 전부는 아니다. 이 세상에서 정말로 득세하는 것은 너무 작아서 우리 눈에 보이지 않는 박테리아다. 아무것도 없는 곳에서도 헤아릴 수 없이 많은 박테리아가 산다. 생물학자들의 어림짐작으로는 지구 생태계 질량 절반은 박테리아가 차지한다.

그리고 박테리아는 인류가 사라진 뒤에도 번창할 것이다. '가이아 이론'을 주창한 제임스 러브로크(James Lovelock)가 지적한 대로, 인류는 지구 생태계를 파괴할 능력이 없다. 그저 자신만을 파괴할 수 있을 따름이다. 만일 인류가 어리석은 일들을 저질러서 자멸한다면, 그것은 짧은 기간 군림했던 지배적 종 하나가 사라진 것에 지나지 않을 것이다. 생태계는 마음 쓰지 않을 것이고 곧 새 지배적 종이 나올 것이다. 인류의 자취는, 아무리 거대하고 견고한 구조물이라도, 빠르게 허물어져 사라질 것이다. 그런 풍화에 걸릴 몇 십만 년은 생태계의 역사에선 찰나에 지나지 않는다.

생명체의 목숨은 짧다. 그러나 생명의 역사는 오래다. 생명체들은 다양하다. 그러나 생명의 원리는 본질적으로 하나다. 분주한 삶의 모습들을 둘러보는 마음에 자연스럽게 물음이 떠오른다.

'생명은 무엇인가?'

우리가 늘 스스로에게 던지는 이 근본적 물음에 대한 답은 많다. 그러나 그것들 가운데 어느것도 완벽할 수 없다. 생명이 보이는 모습은 아주 다양하고 생명체가 지닌 특질과 능력은 무척 많아서, 어떤 일반적 정의도 그것들을 다 아우를 수 없다. 생명이 드러내는 다양하고 미묘한 모습들 가운데 비교적 쉽게 파악할 수 있는 것들을 골라서 얘기하게 마련이다. 분명한 것은 생명이 창발적(emergent) 현상이라는 점이다. 생명은 물질의 내재적 특질이 아니다. 어떤 생명체를 구성하는 물질 자체에 생명이 깃든 것이 아니라, 그 물질들이 한데 모여 어떤 구조를 이루었을 때 비로소 생명이라는 현상이 나온다는 얘기다. 우리에게 익숙한 예를 들면, 철 분자가 질서 있게 모이면, 문득 자성을 띠어 자석이 되는 것과 비슷하다. 자석을 불에 대면, 질서 있게 모였던 분자가 흩어져서, 자성이 사라진다. 생명이 창발적이므로, 생명체를 잘게 나누어 분석하다 보면, 생명은 어느 사이엔가 눈 밖으로 사라지고 물질만 남게 된다. 생명을 이해하기가 그리도 어려운 이유 하나가 거기 있다.

생명의 본질은 정보처리다

이제 누구나 아는 것처럼, 지구 생태계의 생명현상은 유전자들에서 비롯한다. 사람이나 풀이나 박테리아와 같은 유기체는 유전자에 담긴 정보에 따라 만들어지고 움직인다. 그래서 생명의 본질은 정보처리다. 막 숨을 거둔 사람의 몸은 살아 있을 때와 별 차이가 없다. 분명히 달라진 것은 정보처리가 멈췄다는 사실이다. 말라버린 풀이나 나무도 마찬가지다. 정보처리가 멈춘 순간, 생명이 깃들었던 몸은, 나무든 짐승이든, 무생물이 된다.

생명체가 지닌 정보는 자식이 이어받는다. 그 과정에서 정보가 조금씩 늘어난다. 진화는 정보의 축적 과정이라 할 수 있다. 지금 지구를 덮은 거대하고 다양한 생태계가 지닌 정보의 양은 엄청나다.

이처럼 생명은 정보를 처리해서 조직된다. 생명이 조직되는 것이므로, 생명은 원자적일 수 없고 다수적이다. 개체들을 유기체(organism)라 부르는 것은 그런 사정 때문이다. 자연히, 생명은 창발적이다. 몸을 이룬 원자 하나하나에는 없지만 그것들이 모이면, 생명을 지닌 유기체가 된다. 독일 화학자 만프레트 아이겐(Manfred Eigen)이 생명을 "정보에 의해 조직된 물질의 동태적 상태(A dynamic state of matter organized by information)"라고 정의한 것은 이런 사정을 가리킨 것이다.

어떤 목적에 쓰이려면, 정보는 언어의 형태로 조직되어야 한다. 유전적 정보는 DNA 언어로 쓰인다. 이 언어는 모든 생명체들이, 박테리아에서 사람에 이르기까지, 공유한다. 지구 생태계의 모든 구성원들이 한 조상으로부터 나왔다는 결정적 증거다.

DNA는 뉴클레오타이드(nucleotide)라 불리는 기본 물질로 이루어진 긴 사슬이다. 뉴클레오타이드는 질소 염기, 오탄당 및 인산염으로 이루어진다. 여기서 결정적으로 중요한 부분은 질소 염기니, 염기는 C(cytosine), G(guanine), A(adenine) 그리고 T(thymine)라는 네 종류가 있다. 그래서 DNA 언어는 이 네 종류의 염기들을 알파벳으로 쓴다. 이 알파벳 셋이 모이면 (예컨대 CAG나 CCG처럼), 특정 아미노산을 뜻하는 암호 단위(codon)가 된다. (위의 예에서 든 CAG는 글라이신을 뜻하고 CCG는 프롤린을 뜻한다.) 이 아미노산이 결합되어 몸을 만들고 유지하는 데 필요한 단백질을 이룬다. 즉 암호 단위는 DNA 언어의 낱말인데, 4개의 알파벳이 세 자리를 채우니(4×4×4), 64개의 낱말이 가능하다. 64개의 암호 단위들로 이루어진 이 어휘엔 문장의 시작과 끝을 알리는 부호들도 있어서, 길게 한 줄로 된 DNA 언어를 정확하게 읽도록 해준다.

낱말들인 암호 단위들이 모여 뜻을 지닌 문장을 이루면, 비로소 유전자(gene)가 된다. 모든 언어에서 문장이 실제적 기본단위이듯, 유전적 언어에선 유전자가 실제적 기본단위다. 유전자들은 혼자서 기능하기도 하지만, 대체로 여럿이 협력해서 특정 기능을 수행한다. 그래서 한 유기체의 기능과 특질이 무척 많고 다양하지만, 유전자의 수는 생각보다 훨씬 적어도 된다.

협력해서 기능하는 유전자는 한데 몰려 있게 마련이다. 오페론(operon)이라 불리는 이런 유전자 집단은 글의 단락(paragraph)인 셈이다. 유전자들이 모여 눈에 보이는 집단을 이룬 염색체는 장(chapter)이라 할 수 있다. 그리고 염색체가 모여 유전체(genome)라는 완결된 책을 이룬다.

유기체의 몸집이 커지면, 당연히 유전적 정보도 늘어난다. 작은 유기체의 유전적 정보는 얇은 책이고 큰 유기체의 그것은 두꺼운 책이다. 단세포생물인 박테리아의 유전적 정보는 몇 백만 개의 뉴클레오타이드로 이루어졌다. 이 정보를 실제로 책에 담으면, 1,000쪽가량 된다. 사람의 유전적 정보는 박테리아의 1,000곱절가량이니, 보통 사람이 평생 모은 책만큼 될 것이다.

유전자의 DNA 언어는 4개의 알파벳으로 이루어졌으므로, DNA 사슬을 이룬 뉴클레오타이드마다 4개의 가능성(alternatives)

이 있다. 몇 백만 개의 뉴클레오타이드로 이루어진 박테리아의 유전체가 고를 수 있는 가능성은 4의 몇 백만 제곱이다. 그것은 우리가 도저히 상상할 수 없을 만큼 큰 숫자다. 그처럼 많은 가능성을 실제로 구현한다면, 우주 전체의 물질로도 턱없이 부족하다.

물론 그런 가능성의 대부분은 너무 비효율적이어서, 실제로 나오기 어렵다. 그래도 가능성이 워낙 방대하므로, 비록 지구 생태계가 오래되고 크고 다양하지만, 그것은 DNA 언어가 지닌 가능성의 아주 작은 부분만 구현되어온 셈이다.

모든 생명은 한 뿌리에서 시작되었다

감탄인지 탄식인지 모를 한숨이 가볍게 새어 나온다. 알면 알수록, 생명은 점점 경이로워진다. 새삼스럽게 둘레를 살핀다. 도심 속을 흐르는 작은 시내는 생태계의 풍요로운 부분은 아니다. 사람이 쓴 하수가 흘러 늘 흐리고 역한 냄새가 난다. 그래도 나름으로 질서가 있어서 마음을 푸근하게 한다. 갈대 늘어선 물가에 군데군데 꽃창포가 돋고 역귀가 싹을 올린다. 물고기는 떼를 짓고 산란기엔 한강의 잉어와 숭어가 힘차게 물길을 거슬러 올라온다. 어미 오리를 따라가는 새끼 오리의 행렬은 늘 사람의 찬탄을 불러낸다. 혼자 외짓이 섰다 가끔 움직이는 왜가리는 모래톱에 걸린 낡은 우산과 축구공이 만드는 부조화를 누를 만큼 위엄이 있다. 그리고 사람. 여기 모인 사람들도 당연히 조화를 이룬 생태계의 한 부분이다.

생물들은 모두 동질적이라는 사실이 그런 조화의 바탕이다. 한 뿌리에서 나왔으므로 근본적 특질들이 같고 나이까지 같다. 박테리아에서 꽃과 벌레를 거쳐 사람에 이르기까지, 모두 4개의 알파벳과 64개의 낱말을 가진 DNA 언어로 40억 년 동안 쓰인 작품이다. 작고 초라해 보이는 생명체도 나름의 이야기를 공통의 언어로 들려주는 문학 작품이다. 그 사실을 마음에 두고 살피면, 새로운 풍경이 눈에 들어온다.

그렇다. 유기체는 모두 한 조상에서 나온 친척이고 생태계라는 궁극적 사회의 구성원이다. 사람은 발전된 문화를 지녔고 덕분에 지배적 종의 자리를 차지했다. 지배자는, 개인이든 국가든 종이든, 도덕적 책무를 지닌다. 지배적 종인 사람은 자신이 그것의 한 부분인 생태계를 지키고 가꿀 도덕적 책무가 있다. 지구 생태계라는 맥락에서 벗어나면, 사람의 성취도 존재 이유도 크게 줄어들 수밖에 없다. "혼자 잘 살면, 무슨 재민겨?"라는 얘기는 생태계의 차원에서도 적용되는 통찰이다.

당연히, 우리는 다른 생명체들에게 그들이 누려야 마땅한 자유를 보장해주어야 한다. 한 사람의 자유는 다른 사람의 자유를 침해하지 않는 범위 안에서 보장되어야 한다는 원리를 확대하면, 한 생명체의 자유는 다른 생명체의 자유를 침해하지 않는 범위 안에서 보장되어야 한다. 다른 종들에 대해서 마음대로 할 힘을 가진 우리도 스스로 그런 제약을 두어야 한다.

바로 그것이 대한민국의 구성 원리인 자유주의의 본질이다. 스페인 철학자 호세 오르테가 이 가세트의 말대로, "자유주의는 가장 높은 형태의 너그러움이다; 그것은 다수가 소수에게 양보하는 권리이고 그래서 이 행성에 울려 퍼진 가장 고귀한 외침이다."

아쉽게도, 자유주의는 생태계로 확대되지 않았다. 영국 시인 로버트 브라우닝은 "진보는 삶의 법칙인데, 사람은 아직 사람이 아니다(Progress is the law of life, man is not man as yet)"라고 했다. 생태계의 수호자가 되었을 때, 사람은 비로소 진정한 사람이 될 것이다.

바람은 내 반바지 엉덩이를 부풀리고,

내 발아래 유리와 마른 접착제 조각들이 으깨지고,

햇살 되비치는, 빗물 자국 난 유리 너머로

반쯤 자란 국화들은 비난하는 사람들처럼 올려다보고,

흰 구름 몇 덩이들 일제히 동쪽으로 달리고,

한 줄로 늘어선 느릅나무들은 말처럼 내리박혔다 솟구치고,

사람마다, 사람마다 위를 가리키며 소리치고!

The wind billowing out the seat of my britches,

My feet crackling splinters of glass and dried putty,

The half-grown chrysanthemums staring up like accusers,

Up through the streaked glass, flashing with sunlight,

A few white clouds all rushing eastward,

A line of elms plunging and tossing like horses,

And everyone, everyone pointing up and shouting!

미국 시인 시어도어 레트커의 「온실 위의 아이(Child on Top of Greenhouse)」는 어른 몰래 온실 유리 지붕에 올라간 아이의 어찔하도록 신나는 순간을 묘사한다. 그것은 분명히 한 사람의 삶에서 가장 흥분되고 기억할 만한 순간들 가운데 하나다. 생명에 대한 아무리 넓은 정의도 그런 고양된 순간을 담을 수는 없다. 사전

편찬자들에겐 답답한 노릇이겠지만, 생각해보면, 얼마나 다행스러운가. 그러고 보면, 예술 작품마다 "생명은 무엇인가?"라는 물음에 대한 답이 있다.

사람이나 풀이나 박테리아와 같은 유기체는
유전자에 담긴 정보에 따라 만들어지고 움직인다.
그래서 생명의 본질은 정보처리다.
막 숨을 거둔 사람의 몸은
살아 있을 때와 별 차이가 없다.
분명히 달라진 것은
정보처리가 멈췄다는 사실이다.
말라버린 풀이나 나무도 마찬가지다.

정보처리가 멈춘 순간,
생명이 깃들었던 몸은, 나무든 짐승이든,
무생물이 된다.

유전적 정보는 DNA 언어로 쓰인다.
이 언어는 모든 생명체들이,
박테리아에서 사람에 이르기까지, 공유한다.
지구 생태계의 모든 구성원들이

한 조상으로부터 나왔다는 결정적 증거다.

누구에게나 우주의 중심은 자신이다.

그러나 우리 몸이 자식을 통해서 재생한다는 사실은
우리가 실은 아득한 선조로부터
시간적 제한 없이 이어질 생명의 줄기가
잠시 취한 모습임을 일깨워준다.
그런 사실을 잊지 않는 것은
필연적인 죽음을 바라보고 맞는 데 도움이 된다.

생명체들의 목숨은 짧다.
그러나 생명의 역사는 오래다.
생명체는 다양하다.
그러나 생명의 원리는 본질적으로 하나다.
분주한 삶의 모습들을 둘러보는 마음에 자연스럽게
물음이 떠오른다.

'생명은 무엇인가?'

아름다움은 우리를 즐겁게 하고 우리의 판단을 인도한다.
특히 모든 생명체에게 근본적 중요성을 지닌 배우자의 선택에서
아름다움은 기준이 된다.
아름다움은 사람이 보다 나은 배우자를 고르도록 인도한다.
아름다운 사람은 다른 사람에게 매력적인 유전자를 지녔다.
즉 아름다움은 원초적으로 성적 매력이다.
예술 작품의 생산이나 감상과 같은 아름다움의 추상적 측면은

그런 생물적 특질의 연장일 따름이다.

아름다움은 진리다

꽃 세상이다. 안식구가 일군 베란다의 꽃밭도 환하다. 화분 몇 개 놓인 손바닥만 한 꽃밭이지만, 가볍게 치부할 것은 아니다. 서울의 몇 백 만 가구에서 자라는 화초를 다 합치면 상당해서, 도심의 공원을 중심으로 정원수와 가로수로 이루어진 '도시 숲(urban forest)'의 긴요한 부분이 된다.

흔한 화초들이 심겼지만, 화분마다 사연이 있다. 신혼 때부터 꾸리고 다닌 것들은 정이 들었다. 딸아이가 어릴 적에 제 엄마 생일 선물로 사온 양란 한 포기는 아직 자잘한 송이들을 피워 올린다. 이사 가는 사람들이 쓰레기 터에 버리고 간 것을 안식구가 들고 와서 보살핀 작은 화초들은 봄마다 밝은 얼굴을 내민다.

밖으로 나가면, 도심이지만, 곳곳에 화단과 화분이 있어서 크고 화사한 꽃들이 맞는다. 어릴 적 들판은 풀이 많았어도, 꽃이 화사하진 않았다. 야생 꽃들은 화사하지 않다. 벌들을 유혹할 만큼만 화사하다. 요즈음 우리 눈에 들어오는 꽃들은 모두 사람들이 크고 화사하게 개량한 것들이다.

어릴 적 꽃모종 하던 기억이 떠오른다. 코스모스, 봉숭아, 채송화, 맨드라미, 백일홍 같은 흔한 꽃들이었지만, 땅 파고 어린 꽃을 심던 환희는 아직 손에 생생하다. 문득 맨손으로 부드러운 흙을 파고 꽃을 심고 싶은 충동이 인다. 늙어가는 살 속에 잠들었던 본능이 깨어나는 듯하다.

보셔요 꽃동산에 봄이 왔어요.
나는 나는 우리 고장 제일 좋아요.
오늘부터 이 동산 내가 맡았죠.
물 주고 꽃 기르는 일꾼이에요.

전쟁으로 피폐해진 나라에서 자라던 아이들이 봄마다 부르던 노래다. 그 노래를 부를 때면, 어린 마음에도 그것이 꽃밭을 가꾸

겠다는 다짐을 넘어선 것이라는 생각이 들곤 했다. 작은 체구에 맞는 지게를 갖추는 것이 어린 노동자들의 통과의례였고 중학교에 가는 대신 집에서 농사를 거들며 나무해서 장에 내다 팔던 급우들이 드물지 않았던 시절이었다. 이은상의 노랫말에 이흥렬이 곡을 붙인 「꽃동산」은 1930년대에 나왔다. 1950년대까지 널리 불렸는데, 요즈음은 듣기 어렵다.

그래서 길 따라 심겨진 화초들이 반갑고 고맙다. 토착종들은 옛 모습 지녀서 반갑고 외래종들은 이곳까지 찾아준 것이 고맙다. 전쟁과 가난의 자취를 지우는 데는 화사한 꽃보다 나은 것도 드물 터이다.

꽃에게 주어진 임무

꽃은 유성생식의 산물이다. 꽃은 식물의 재생을 맡은 기관이다. 식물이 생태계의 바탕이니, 꽃의 임무는 더할 나위 없이 중요하다. 그리고 그런 임무를 잘 수행하도록 만들어졌다. 유성생식의 목적이 '유전자 뒤섞음'이므로, 꽃마다 자신의 수술 꽃가루가 암술에 닿지 않도록 정교하게 설계되었다.

그리고 그 막중한 임무에 걸맞게 꽃은 아름답다. 적어도 우리에겐 꽃이 이 우주에서 가장 아름다운 존재다. 실제로 우리는 가장 아름답고 중요한 것을 꽃에 비유한다. 걸음을 멈추고 길가에 핀 작은 꽃들을 들여다본다. 볼수록 아름답다. 아름답다는 말밖에 떠오르지 않는다. 아름다움은 무엇인가?

아름다움은 우리를 즐겁게 하고 우리의 판단을 인도한다. 특히 모든 생명체에게 근본적 중요성을 지닌 배우자의 선택에서 아름다움은 기준이 된다.

감정은 어떤 행동을 유발하거나 순조롭게 하는 기능을 지녔다. 아름다움은 본질적으로 육체적 매력을 지닌 대상에 대해 사람들이 품는 느낌이고 그런 대상들에 보다 가까이 다가가도록 하는 기능을 지녔다. 유성생식에서 잠재적 배우자를 식별하는 것은 결정적으로 중요하다. 아름다움은 사람이 보다 나은 배우자를 고르도록 인도한다. 아름다운 사람은 다른 사람에게 매력적인 유전자를 지녔다. 즉 아름다움은 원초적으로 성적 매력이다. 예술 작품들의 생산이나 감상과 같은 아름다움의 추상적 측면은 그런 생물적 특질의 연장일 따름이다.

생명의 눈으로 본 젊음의 핵심

아름다움이 본질적으로 성적 매력이라는 점을 처음으로 증명한 사람은 다윈이다. 그는 아름다움이 유성생식을 하는 종들의 진화에 영향을 미치는 과정을 성 선택(sexual selection)이라 불렀다. 성 선택이 작동하는 모습들 가운데 두드러진 것은 여러 종들의 남성들이 찬란한 빛깔을 띠거나 비정상적으로 큰 특정 부위를 지닌 현상이다. 공작 남성의 크고 화려한 꽁지는 우리가 잘 아는 예다.

이 사실은 중요한 함의들을 지녔다. 가장 중요한 것은 아름다움이 인종적 및 문화적 차이를 뛰어넘는 보편적 기준들을 지녔으리라는 추론이다. 인류가 나온 지 그리 오래되지 않았고 여러 인종들로 분화된 것은 최근의 일이므로, 유전자의 인종적 차이는 아주 작다. 성이 실질적으로 몇 십억 년 전 생명의 발생 바로 뒤에 발명되었고 동물들의 유성생식도 아주 오래되었으므로(동물은 적어도 6억 년 전에 나타났다), 사람이 아득히 먼 조상으로부터 물려받은 아름다움의 기준들은 오래되었고 모든 사람들이 공유할 터이다.

실증적 연구들은 그런 추론을 증명했다. 잘 알려진 예는 여성의 허리와 엉덩이 사이의 비율이다. 열 살 난 계집아이의 몸매는 그녀가 마흔 살에 지닐 몸매와 다르지 않다. 그러나 사춘기엔 그녀 몸매에 변화가 일어나서, 허리는 잘록해지고 가슴과 엉덩이는 커진다. 자연히, 허리와 엉덩이 사이의 비율은 크게 낮아진다. 반대로, 30세가 넘으면, 허리가 굵어지면서 그 비율이 오르기 시작한다. 풍만한 젖가슴과 엉덩이는 아이들을 잘 낳아 기를 수 있다는 것을 말해준다. 잘록한 허리는 젊음을 가리킨다. 그래서 '모래시계형 몸매'는 가임기 여성의 징표다. 일부러 몸매를 그렇게 꾸미기는 불가능하다.

젊을 때에만 생식이 가능하므로, 사람들이 젊음을 선호하는 것은 자연스럽다. 특히, 일부일처제는 남성들로 하여금 가임기가 긴 젊은 여성들을 찾도록 만들었다. 당연히 '모래시계형 몸매'는 언제 어디서나 매력적이었다. 의상의 유행도 늘 그런 몸매를 강조했으니, 서양에선 옛적부터 보디스나 코르셋이 날씬한 허리를 그리고 브라가 큰 가슴을 돋보이게 했다.

지금까지 나온 증거는 사람이 지닌 아름다움의 기준들이 보편적임을 가리킨다. 한 인종과 문명에서 매력적인 얼굴과 몸매는 다른 인종들과 문명들에서도 매력적이다.

사람들이 젊음에 유난히 집착하는 현상엔 보다 근본적인 요인이 작용하는 듯하다. 사람은 유태성숙(neoteny)이 뚜렷한 종이다. 유태성숙은 유아기나 소년기에 성적으로 성숙해서 생식하는 것을 가리킨다. 실제로 인류의 진화에서 가장 뚜렷한 현상은 유아화다. 사람과 가장 가까운 침팬지와 비교해보면, 어른 침팬지보다 청소년 침팬지가 사람을 훨씬 많이 닮았다. 영국 생물학자 리처드 도킨스(Richard Dawkins)의 표현을 빌리면, "우리는 형태적으로는 아직 소년인 시기에 성적으로 성숙하게 된 유인원이다."

사람이 침팬지와 갈라진 것은 대략 500만 년 전으로 추정된다. 그 뒤 사람은 줄곧 유태성숙을 향해 진화했다. 이런 사정이 젊음에 유난히 큰 가치를 두는 남성들의 성향과 무슨 관련이 있으리라고 보는 것은 비합리적이 아니다. 물론 여성이라고 젊음에 무심한 것은 아니다. 그러나 여성은 남성의 육체적 매력에 상대적으로 작은 무게를 두고 남성의 사회적 지위와 부를 중요하게 여긴다. 이것도 또한 인종과 문화를 뛰어넘는 보편적 특질이다.

사람이 그렇게 젊음에 집착하므로, 아름다움의 핵심은 젊은 몸의 특질들이다. 그리고 유행은 늘 젊음을 강조하는 데 맞춰졌다. 유행은 줄곧 빠르게 바뀌었지만, 늙음을 강조한 유행은 지금까지 나온 적이 없었다.

아름다움은 진화의 또 다른 말

이처럼 아름다움은 자의적이지 않다. 그것은 보편성과 합리성에 바탕을 둔다. 이 사실은 우리로 하여금 물리학과 수학이 지닌 엄격한 아름다움을 떠올리게 한다. 미국 물리학자 스티븐 와인버그(Steven Weinberg)는 물리학 이론이 지닌 아름다움을 "단순함과 필연성의 아름다움"이라고 말했다. 그것은 "모든 것들이 서로 들어맞고 아무것도 바뀔 수 없는 논리적 경직성"에서 나온 아름다움이다. 그래서 물리학자는 아름다운 이론을 찾아내려 애쓴다.

이런 사정은 수학에서 더욱 두드러진다. 수학자는 개념적으로 아름다운 형식체(formalism)를 만들려 애쓴다. "수학적 패턴은 화가나 시인의 그것들과 마찬가지로 아름다워야 한다. 생각들은 빛깔들이나 낱말들과 마찬가지로 조화로운 방식으로 서로 맞아야 한다. 아름다움은 첫 시험이다. 못생긴 수학에겐 영구적 자리가 없다"라고 영국 수학자 고드프리 해럴드 하디(Godfrey Harold Hardy)는 말했다. 하디의 얘기는 우리에게 플로베르의 "적절한 말(le mot juste)"을 떠올리게 한다. 문장의 자리마다 적절한 단 하나의 말이 있다는 생각은 아름다움의 본질을 엿본 사람만이 할 수 있다.

흥미로운 것은 개념적 아름다움을 추구한 수학자의 업적이 흔히 후세에 물리학자에 의해 실재하는 세상을 설명하는 데 쓰인다는 사실이다. 수학을 활용해서 이론 물리학에서 큰 업적을 남긴 미국 물리학자 유진 폴 위그너(Eugene Paul Wigner)는 이런 사정을 "수학의 비상식적인 유효성(The Unreasonable Effectiveness of Mathematics)"이라 불렀다.

실재하는 세계를 설명하는 이론들을 발견하고 그것들의 타당성을 판단하는 데 그렇게 큰 도움을 주는 미적감각을 물리학자는 어떻게 갖추었을까? 그리고 몇 십 년이나 몇 백 년 뒤에 물리학자들이 요긴하게 쓸 수학적 구조들을 미리 발견하는 데 큰 도움을 주는 미적감각을 수학자들은 어떻게 갖추었을까?

와인버그는 미적감각을 진화적 관점에서 살폈다. 우리가 우주를 바라보는 방식은 생명체의 진화와 같은 방식으로 자연선택을 통해서 진화했다. 마침내 우리는 가장 나은 방식을 골라냈고 그것을 아름답다고 느끼게 되었다는 얘기다.

우리가 알아야 할 전부

아름다움은 우리 천성의 가장 깊은 곳에 뿌리를 두었고 보편적 바탕을 지녔다. 성적 아름다움이든 개념적 아름다움이든, 아름다움은 논리적 경직성에서 나온다. 하긴 이 세상에서 논리보다 경직된 것을 우리는 상상하기 힘들다. 경직되지 않았다면, 논리가 아니다. 덕분에 우주의 질서를 탐구하는 수학자와 물리학자에게도 미적 감각은 궁극적 기준이 된다. 아름다움과 진리가 같다는 키츠의 통찰은 경이롭다.

'아름다움은 진리고, 진리는 아름다움이다,'—그것은 그대가 이 세상
에서 아는 전부고 그대가 알아야 할 전부다.

'Beauty is truth, truth beauty,'—That is all
Ye know on earth, and all ye need to know.

화사하고 풍성한 꽃을 즐기면서, 흐릿한 물길 따라 걸음을 옮긴다. 문득 마음에 그늘이 살짝 어린다. 더 바랄 것이 없는 풍경에서 하나가 빠졌다. 벌이 없다. 제법 긴 불광천 갓길에서 벌을 한

마리도 보지 못한 것이다. 나비 서너 마리를 본 것이 고작이다.

어릴 적 풍경에선 벌과 나비가 중요한 부분이었다. 위엄 어린 큰 날개를 젓던 호랑나비와 붕붕거리면서 꽃에서 꽃으로 부지런히 옮아가던 호박벌은 봄날의 나른한 풍경에 긴장감을 살짝 얹어주곤 했었다. 점차 벌이 줄어들더니, 마침내 서울에선 벌을 보기가 힘들어졌다. 하긴 벌만이 아니다. 나비도 반딧불도 땅강아지도 개구리도 사라졌다.

벌이 줄어든 것은 생각보다 심각한 문제다. 많은 식물이 수분을 벌에 의존하므로, 벌이 줄어들면, 생태계가 큰 충격을 받는다. 벌들이 폐사하는 현상이 이미 여러 해 전에 곳곳에서 나왔다. 아직도 원인이 명확히 밝혀진 것은 아니지만, 살충제와 제초제를 많이 쓰는 환경에서 벌들의 건강이 약해진 것이 근본적 원인이라는 추론이 지지를 받는다. 우리나라에선 이런 현상이 특히 심각해서, 오스트레일리아로부터 많은 벌들을 수입해서 과수원들에 풀어놓는다. 안타깝게도, 이 벌들은 다음 세대를 마련하지 못해서, 해마다 점점 많은 벌들을 수입한다.

우리는 꽃에 생각보다 많은 빚을 졌다. 동물은 물론 식물을 먹고 사는 기생적 존재들이다. 그러나 나무나 풀의 몸 전체에 양분이 고루 퍼진 것은 아니다. 가장 많은 양분이 모인 곳은 열매다.

어린 잎은 거의 다 먹을 수 있지만, 양분은 적다. 애벌레가 나뭇잎을 쉴 새 없이 갉아먹는 것은 잎에 몸을 만드는 양분이 적기 때문이다. 꽃이 피어서 맺은 열매 속엔 배(embryo)가 자랄 수 있도록 양분이 많이 들었다.

식물이 광합성으로 만든 양분을 그렇게 한곳으로 집적한 덕분에, 인류 문명이 일어날 수 있었다. 그렇지 않았다면, 사람은 초식 동물들처럼 풀을 먹고 소화시키는 일에 매달려야 했을 것이다. 에너지가 고도로 농축된 열매들을 거둘 수 있어야, 비로소 단순한 생존을 넘어선 문명이 가능한 것이다. 고대 문명마다 가장 중요한 건물은 커다란 곡물 창고였다. 곡물 창고들에 곡식이 가득해야, 신전과 궁궐이 세워질 수 있었다.

우리가 가장 중요하고 아름다운 것을 꽃이라 부르는 것은 보기보다 적절하다. 꽃이 피지 않고 열매가 맺지 않는다면, 인류는 아마도 나오지 않았을 터이고 인류 문명은 분명히 나올 수 없었다.

그러나 꽃이 언제나 많고 화사했던 것은 아니다. 유전자 뒤섞음을 하는 데 꽃이 크고 화사할 필요는 없다. 지금도 바람에 의해 수분하는 풍매화는 꽃이 크지도 화사하지도 않다. 바람은 꽃의 빛깔이나 향기에 마음을 쓰지 않는다.

그처럼 비교적 단조로운 풍경이 대략 1억 년 전에 문득 바뀌었다. 말벌 가운데 한 무리가 작은 벌레를 사냥하는 대신 꽃가루를 채집하기 시작한 것이다. 그 무리는 벌로 진화했고 덕분에 발달된 꽃을 피우는 식물이 번창하기 시작했다. 피자식물 폭발(angiosperm explosion)이라 불리는 이 현상은 대략 1억 1,300만 년 전에서 8,300만 년까지 이어졌다.

만일 벌이 먹이를 얻는 방식을 바꾸지 않았다면, 크고 화사한 꽃을 피우고 큰 열매를 맺는 피자식물이 번창하기 어려웠을 것이다. 그리고 피자식물의 열매에 농축된 에너지를 얻기 어려운 상황에선 인류 문명도 나오기 어려웠을 것이다. 그처럼 생태계에서 결정적으로 중요한 벌이 점점 사라지는 것이다. 인류는 지금 자신의 문명과 생존의 바탕을 무심하게 허문다. 실은 허문다는 것도 제대로 깨닫지 못한다.

강 풍경은 역시 봄이 좋다. 내 낀 강의 나른함이 마음을 풀어준다. 강둑을 따라 흐드러진 벚꽃이 화사하다. 고운 벚꽃을 보면 왜 마음은 아련해지는지?

가장 아름다운 나무 벚나무 이제
가지마다 꽃 피워,
부활절 맞게 흰 옷 입고서

숲 가에 섰다.

이제, 내 인생 일흔에서

스물은 다시 오지 않고,

일흔에서 스물을 빼면,

겨우 쉰이 남는다.

그리고 꽃 핀 나무들 보는 데는

쉰 번의 봄철도 넉넉지 못하니,

숲 둘레로 나는 가리라

눈 덮인 벚나무 보러.

Loveliest of trees, the cherry now

Is hung with bloom along the bough,

And stands about the woodland side

Wearing white for Eastertide.

Now, of my three score years and ten,

Twenty will not come again,

And take from seventy springs a score,

It only leaves me fifty more.

And since to look at things in bloom

Fifty springs are little room,

About the woodlands I will go

To see the cherry hung with snow.

하우스먼은 쉰 번의 봄철도 넉넉지 못하다고 했지만, 백 번의 봄철이라고 넉넉할까? 흐드러진 벚꽃을 보면, 마음이 아련해진다.

우리는 공통의 조상으로부터 갈라진 여러 종 가운데 하나며
가까운 종들과 유전적 자산을 많이 공유한다.
특히 다른 유인원과는 유전적으로 아주 비슷하다.
사람은 발전된 문화를 누리지만, 원초적 문화를 누리는 동물도 많다.

그래서 많은 경우, 사람과 다른 종들을 구별하는 것은
정도의 차이지 종류의 차이가 아니다.

사랑과 필요가 하나인 곳

어버이날이 가까워져 길거리에서 카네이션 송이를 보면, 그리움과 아쉬움이 가슴을 채운다. 나는 부모님께 카네이션 송이를 드린 적이 없다. '우리 세대에선 다 그랬다'는 변명이 이내 나오지만, 부모님 모습을 떠올리는 마음은 아릿하기만 하다. 딸아이가 꽃을 들고 들어올 때마다 환해지는 안식구 얼굴이 겹친다.

바라보면 바라볼수록

까마득하다.

저승으로 떠난 지 갑년(甲年)이 지났는데도

기별이라곤

그제나 이제나 그때 그 나이

말 없는 사진 한 장뿐.

아들의 아들 나이보다

젊은 아버지,

저승에서나마 환갑상은 받으셨는지.

아들 없이 누가 있어

상을 차려주었는지.

추석 대보름 아버지 제삿날

밤하늘 바라보며 하염없어라.

인생칠십고래(人生七十古來)에

아버지 잃은 여덟 살 아들과

서른여섯 아버지의

빛바랜 사진을 번갈아 보며

하염없어라.

하염없어라.

일찍 여읜 아버지를 향한 절절한 그리움이 담긴 김형영의 「하염없어라」를 읊으면, '부모님께 환갑상을 차려드릴 수 있었던 나는 행운이었구나' 하는 생각이 가슴에 따스하게 번진다. 오래 살면, 모두 효자가 되는 모양이다.

내 몸은 부모님 몸의 재생이다. 물론 부모님 몸은 그분들 부모님 몸의 재생이었다. 생명은 생명에서만 나온다. 그래서 자신에 대해 알려면, 우리는 먼저 선조들이 누구인지 알아야 한다.

아쉽게도, 나는 선조들에 대해서 많이 알지 못한다. 조부모 네 분에 대해선 잘 알지만, 증조부모 여덟 분은 뵌 적 없고 아는 바도 적다. 외증조부께서 독립운동을 하시다 옥고를 겪으셨다는 것만 안다. 하긴 십 대 위로 거슬러 올라가면 선조가 몇 천 명이 되니, 유전적으로 그분들과 다른 사람은 차이가 거의 없다.

이 사실은 실은 모든 생명체에게 적용된다. 아무리 서로 다른 생명체라도, 충분히 오래 거슬러 올라가면, 공동의 조상을 만난다. 지구에서 생명현상이 단 한 번 나왔다고 확언하기는 어렵지만, 지금 살아 있는 모든 생명체가 한 뿌리에서 나왔다는 것은 확실하다.

거슬러 올라가 박테리아와 만나다

잘 알려진 것처럼, 우리와 가장 가까운 종은 침팬지다. 사람과 침팬지는 대략 500만 년 전에 공동의 조상에서 갈라졌다. 700만 년 전으로 거슬러 올라가면, 우리는 고릴라와 합류하고, 1,400만 년 전으로 올라가면, 오랑우탄과 합류하고 1,800만 년 전으로 올라가면, 긴팔원숭이와 합류한다. 이 집단은 유인원(apes)이라 불리는데, 모두 꼬리가 없다. 이 점이 원숭이들과 확연히 다르다.

2,500만 년 전으로 올라가면, 구세계 원숭이(old world monkeys)라 불리는 집단과 합류한다. 개코원숭이나 마카크가 이 집단에서 잘 알려진 종들이다. 이어 4,000만 년 전으로 올라가면, 신세계원숭이(new world monkeys)와 합류하는데, 이 집단은 중남아메리카에서 살며 비교적 몸집이 작다. 6,300만 년 전으로 올라가면, 나머지 영장류(primates) 종이 합류한다.

7,500만 년 전으로 올라가면, 우리는 쥐 무리와 토끼 무리를 만난다. 고슴도치, 다람쥐, 레밍, 비버, 햄스터도 이 무리에 속한다. 8,500만 년 전으로 올라가면, 우리에게 무척 친근한 짐승들을 만난다. 고양이, 개, 곰, 물개, 말, 코뿔소, 낙타, 돼지, 사슴, 양, 하마, 고래, 박쥐 따위다. 쥐와 토끼가 고양이나 개보다 사람과 유전적

으로 훨씬 가깝다는 사실은 우리를 잠시 생각에 잠기게 한다.

1억 4,000만 년 전으로 올라가면, 우리가 속한 태반류(placental mammals)가 캥거루와 같은 유대류(marsupials)와 합류한다. 태반류와 유대류는 함께 포유류(mammals)를 이룬다.

3억 1,000만 년 전으로 올라가면, 파충류(reptiles)와 만난다. 거북, 이구아나, 카멜레온, 뱀, 도마뱀, 악어, 그리고 갖가지 새들이 포함된 집단이다. 파충류는 우리가 가장 싫어하는 집단이지만, 우리가 가장 좋아하는 새가 이 집단에 속한다는 사실은 음미할 만하다. 3억 4,000만 년 전으로 올라가면, 개구리, 두꺼비, 도롱뇽과 같은 양서류(amphibians)를 만난다.

4억 4,000만 년 전으로 올라가면, 척추를 지닌 물고기인 경골어류를 만난다. 이어 4억 6,000만 년 전으로 올라가면, 상어 무리를 만난다. 상어나 홍어와 같은 연골어류는 연골이 뼈를 대신한다.

5억 9,000만 년 전으로 올라가면, 곤충과 조개를 만난다. 이들은 전구동물(前口動物)이라 불린다. 배(embryo)가 자라날 때 입이 먼저 생기고 항문이 뒤에 생긴다는 뜻이다. 사람이 속한 집단은 후구동물(後口動物)인데, 항문이 먼저 생기고 입이 뒤에 생긴다. 개체 수나 종의 다양성에서 전구동물은 후구동물을 압도한다. 실제로 곤충은 이 세상에서 가장 번창하는 종들 가운데 하나다.

더 올라가 9억 년 전에 이르면, 우리는 원생동물들과 합류한다. 세포 하나로 이루어져 현미경으로만 보이는 원생동물은 가장 원시적인 동물이다. 더 거슬러 올라가면, 우리는 마침내 곰팡이들(fungi)과 합류한다. 이렇게 오래 거슬러 올라가면, 시기를 확정하기가 실질적으로 불가능하다. 갈라진 순서만 확실하다. 다세포생물들은 식물, 곰팡이 및 동물로 분류된다. 곰팡이들 가운데 우리에게 가장 익숙한 것은 버섯이다. 곰팡이는 식물과 비슷하고 우리는 버섯이나 곰팡이들을 식물로 치부한다. 그러나 분류학적으로 곰팡이는 동물과 훨씬 가깝다. 동물이나 곰팡이나 궁극적으로 식물에 기생하는 존재들이라는 점을 생각하면, 이내 수긍된다. 더 올라가면, 우리는 아메바와 합류한다. 잘 알려진 것처럼, 아메바는 고정된 형태가 없다.

그 다음엔 식물과 만난다. 식물은 광합성을 통해 생태계에 영양을 공급한다. 그래서 생태계의 기층은 식물이다. 동물이나 곰팡이가 없어도, 생태계는 별다른 영향을 받지 않고 존속할 수 있다. 그러나 식물이 없으면, 생태계는 바탕까지 무너진다.

더 올라가면, 세포핵이 없는 원핵생물인 박테리아와 합류한다. 생물들을 나누는 가장 근본적 기준은 유전자들이 모인 세포핵이다. 원래는 세포핵이 없고 유전자들이 세포 속에 퍼진 원핵생물이 있었고 뒤에 세포핵을 가진 진핵생물이 진화했다.

원핵생물들 이전엔 무슨 생명체들이 존재했는지 확신할 수 없다. 남아 있는 화석적 증거가 없다. 그래서 40억 년 전에 처음 나온 것으로 추산되는 생명현상의 앞부분의 모습은 추론을 통해 짐작할 수밖에 없다.

사람의 특별함은 어디서 오는가?

우리는 자신이 사람이라는 것에 무한한 자부심을 지녔다. 사람은 생태계에서 독립된 존재이며 다른 생명체들에 대해 절대적 권력을 휘두르는 것이 당연하다고 여긴다. 실제로 누구나 일상생활에서 그렇게 행동하고 모든 사회들이 그렇게 정책을 세우고 집행한다. 생명체마다 나름의 삶과 꿈이 있다는 것을 떠올리는 경우는 드물다.

이런 인간중심주의(anthropocentrism)는 우리가 자신을 제대로 아는 것을 막는다. 우리는 공통의 조상으로부터 갈라진 여러 종 가운데 하나이며 가까운 종들과 유전적 자산을 많이 공유한다. 특히 다른 유인원과는 유전적으로 아주 비슷하다. 사람은 발전된 문화를 누리지만, 원초적 문화를 누리는 동물도 많다. 그래서 많은 경우, 사람과 다른 종들을 구별하는 것은 정도의 차이지 종류의 차이가 아니다.

우리의 점점 깊어지는 지식은 인간중심주의가 문제적이라는 것을 알려준다. 사람은 특별하지만, 그 특별함은 그리 크지도 중요하지도 않다. 우리가 생태계를 해치면, 본질적으로 그것의 한 부분인 우리 자신도 그만큼 왜소해지고 해를 입는다.

우리의 선조들이 누구인가 살펴보는 일은 인간중심주의를 누그러뜨리는 데 긴요하다. 사람이 생태계에서 절대적 지위를 누린 것은 겨우 몇 만 년이고, 생명의 역사인 40억 년에 비기면, 그것은 말 그대로 눈 깜짝할 새라는 점을 떠올리는 것만으로도 우리는 훨씬 겸허하게 된다.

아울러, 우리 자신의 생물적 임무를 각별히 인식하게 되어 자신의 몸을 소중히 여기게 된다. 몇 억 세대가 될 우리 선조들은 모두 자식을 낳아 잘 보살폈다. 만일 그 많은 선조들 가운데 단 하나라도 자식을 낳고 보살피는 데 실패했다면, 지금 우리는 존재할 수 없다. 우리는 대를 잇는다는 생물적 임무를 띠었고, 당연히, 자신의 몸을 소중히 여겨야 한다. 물론 다른 생명체도 모두 그렇고 우리는 그들을 되도록 존중하고 보살펴야 한다.

진화와 변화를 부르는 근본적 요소들

아득한 시간을 거슬러 올라가 우리의 선조를 살피는 일은 박테리아에서 끝난다. 생명현상은 처음에 어떻게 나왔는가?

생명현상의 첫걸음은 스스로 복제하는 분자(replicating molecules)의 출현이었을 것이다. 그런 분자가 점점 복잡해지고 안정적이 되면서, 세포로 진화했을 것이다. 이어 다세포생물이 결합해서 다세포생물이 나왔고 마침내 인류 문명을 낳았다.

이런 과정을 파악하는 일에서 긴요한 것은 생명의 진화에서 나온 중요한 변화를 살피는 일이다. 생명현상이 본질적으로 정보처리이므로, 생명체가 진화하면, 정보를 처리해서 저장하고 후대로 전달하는 방식도 바뀐다. 보다 많은 정보를 보다 효율적으로 처리할 수 있어야, 보다 복잡한 생명체가 나올 수 있다.

즉 중요한 것은 정보를 처리하고 저장하고 후대에 전달하는 방식이지 정보의 내용이 아니다. 달리 말하면, 언어가 바뀌는 것은 중요한 변화지만 한 언어로 쓰인 메시지들이 다른 것은 훨씬 덜 중요한 변화다. 그처럼 언어 자체가 바뀌는 주요 전이들로 흔히 꼽히는 것은 8개의 근본적 변화들이다.

맨 처음 나온 주요 전이는 스스로 복제하는 분자가 막으로 둘러싸인 '원초적 세포들(protocells)'로 진화한 것이다. 세포 안에서 복제하는 분자들이 협력해서 서로 복제를 돕게 되자, 진화의 과정은 새로운 단계로 나아갈 수 있었다.

다음은 독립적 복제자가 염색체로 연결된 것이다. 이런 연결은 한 유전자가 복제되면, 다른 유전자들도 복제되도록 만들었다. 덕분에 유전자 사이의 경쟁을 막고 협력을 도모할 수 있게 되었다.

셋째는 유전자이자 효소인 RNA의 기능을 DNA와 단백질이 나누어 맡은 것이다. DNA는 두 줄로 되었지만, RNA는 외줄로 되었다. 원래는 RNA가 정보를 저장하고 전파하는 기능과 화학반응을 촉진시키는 기능을 함께 수행했던 것으로 보인다. 이제 정보의 저장과 전파는 DNA가 맡고 화학작용의 촉진과 몸의 구성은 단백질이 맡는다. RNA는 정보의 저장과 전파에서 일부만을 맡는다.

넷째는 세포핵이 없는 원핵생물에서 세포핵이 있는 진핵생물로의 진화다. 진핵생물의 세포가 원핵생물의 세포보다 대략 1만 곱절 크다는 사실이 가리키듯, 이것은 여러 변화로 이루어진 크고 복잡한 변화였다.

다섯째는 세포가 둘로 나뉘어서 새로운 개체들을 만들어내는 무성생식에서 배우자들의 성세포들이 결합해서 새로운 개체를 만들어내는 유성생식으로 진화한 것이다. 성의 발명은 유전자 뒤섞음을 효과적으로 만들어서 진화 과정을 크게 촉진했다.

여섯째는 세포 하나로 이루어진 원생동물에서 다세포생물들인 식물, 곰팡이 그리고 동물이 진화한 것이다. 지금 생태계에서 눈에 보이는 것들은 모두 다세포생물이라는 사실이 가리키듯, 세포들이 집단을 이루는 방안의 출현은 혁명적 변화였다.

일곱째는 개체들이 뭉친 집단(colony)의 출현이다. 집단에선 극소수의 개체만 생식을 하고 나머지 개체들은 불임 계급에 속한다. 이런 생식 구조는 구성원들이 유전적으로 아주 가까울 뿐 아니라 유전적 이익의 공정성을 보장한다. 자연히 응집력이 높다. 개미, 벌, 말벌 그리고 흰개미는 집단을 이루어 사는 대표적 종들이다. 집단의 출현은 다세포생물의 출현을 낳은 과정의 다음 단계라 할 수 있다.

마지막 주요 전이는 영장류 사회에서 인류 사회로의 진화다. 사람은 문화를 발전시켰고 덕분에 지능이 본능을 압도하는 종으로 변모했다. 인류 문화의 가장 큰 특질은 언어의 사용이니, 언어를 써서 정교하게 정보처리를 하게 되면서, 인류는 지식의 지속적 축적을 이루었다. 인류 문화에서 최근에 나온 중요한 변화는 인공지능(AI)의 출현이다. 인공지능은 사람의 지능을 보강하면서, 인류 문화의 진화에 큰 운동량을 보태고 있다.

이들 8개의 주요 전이 가운데 여섯은 단일 계통에서 단 한 차례만 일어났다고 여겨진다. 두 예외들은 다세포생물의 출현과 집단의 출현이니, 전자는 세 차례 일어났고 후자는 여러 차례 일어났다. 단 한 차례만 일어난 주요 변이들이 여섯이나 된다는 사실은 우리를 깊은 성찰로 이끈다. 그것들 가운데 단 하나라도 일어나지 않았다면, 지금 우리가 보는 생태계는 크게 달랐을 것이다. 물론 사람이나 사람과 비슷한 종들은 존재하지 않았을 것이다.

여기서 우리가 자세히 살펴야 할 것은 한번 일어난 전이는 되돌리기 어렵다는 점이다. 8개의 주요 변이들 가운데 어느것도 되돌릴 수 없다. 성의 발명에서 예외가 있을 따름이니, 유성생식을 하는 종들이 때로 처녀생식을 한다. 전이 이전으로 돌아가기 어려운 까닭은 어떤 개체도 새로운 생존 방식을 버리면 살아가기도 힘들고 자식을 남길 수도 없다는 사정이다. 한 번 전이가 나오면, 그것에 따라 많은 부수적 변화들이 나오므로, 중요한 전이를 되돌리기는 실질적으로 불가능하다.

인류 사회에서도 마찬가지다. 문화에서 한번 중요한 혁신이 나오면, 많은 것들이 함께 바뀐다. 그래서 그것들을 모두 풀어내서 혁신이 나오기 이전 상태로 돌리기 어렵다.

내리사랑이라는 만고불변의 진리

저만치 노인들이 긴 의자에 앉아서 활기찬 목소리로 얘기한다. 가만히 들어보니, 근자에 큰 반응을 얻은 영화 「국제시장」 얘기다. 힘든 일들을 하면서 가족을 부양한 사람의 얘기라서, 지금 나이 든 세대들은 모두 공감할 터이다.

사랑과 필요가 하나인 곳에서만,

그리고 일이 목숨을 건 놀이인 곳에서만,

천국과 미래를 위해서

일이 정말로 이루어진다.

Only where love and need are one,

And the work is play for mortal stakes,

Is the deed ever really done

For heaven and the future's sakes.

로버트 프로스트의 「진흙 철의 두 떠돌이(Two Tramps in Mud Time)」는 일에 성격에 대해 성찰한 작품이다. 그가 말하려 한 것은 일에 대한 사랑과 일을 꼭 해야 할 필요 사이의 관계다. 위에 인용된 부분은 마지막 연이다.

가난한 가족에 대한 사랑으로 힘들고 위험한 일들을 해낼 때에만 찾아오는 즐거움을 맛본 것이 어찌 지금 나이 든 세대뿐이랴. 정말로 힘들게 사신 아버지께선 어쩌다 자신의 경험을 얘기하시고 나면 이내 덧붙이셨다, "네 할아버지 할머니께선 더 힘들게 사셨다."

사람의 천성은 아주 천천히 바뀐다. 신석기 시대의 사람과 현대인은 유전적으로 달라진 것이 없고 당연히 천성도 같다. 그리고 자식을 위하는 천성은 결코 바뀌지 않는다. 진화의 과정이 그 것을 보증한다. 자식들을 보다 잘 보살피는 행태를 보인 개체는 자식을 소홀히 한 개체보다 많은 자식을 남겼다. 그런 과정이 오래 이어지면서, 자식을 잘 보살피는 특질은 모든 생명체들이 공유하게 되었다. 자식을 낳아 이미 생물적 임무를 수행한 자신보다 그 임무를 이어받은 자식을 위하는 것은 우리 천성이다. 자신을 낳은 부모에 대한 고마움이 아무리 커도 자식에 대한 사랑에 비길 수 없다. 이미 생물적 임무를 끝낸 부모에게 자원을 많이 쓰면 자식들에게 쓸 자원이 줄어든다. 그래서 '내리사랑은 있어도 치사랑은 없다'는 만고불변의 진리가 나온 것이다.

지금 그 영화를 보고 덤덤하게 느끼는 젊은이들도 자식을 낳아 기르면 힘들고 위험한 일들을 마다하지 않을 것이다. 그리고 그 과정에서 사랑과 필요가 하나가 되는 즐거움을 맛볼 것이다.

우리 몸은 우리가 자신이라고 여기는 부분과
수많은 박테리아로 이루어진 공생의 체계다.
과감하게 말하면, 이 지구에 존재하는 생명체들은

박테리아이거나 박테리아의 변종이다.
예외가 없다.

수선화와 춤을

난지도 하늘공원에 오르면, 시원스러운 풍경이 맞는다. 한강 물길이야 늘 유장하고, 사람들이 만든 갖가지 시설들이 차지하고 남겨진 땅마다 줄기차게 초목이 자란다. 전망대 나직한 난간에 기대어 서면, 아파트로 이루어진 스카이라인도 그리 날카롭지 않다.

한강이 처음 생긴 시절을 상상해본다. 그때도 하늘은 막막하고 땅은 넓었겠지만, 세상의 모습은 이내 떠오르지 않는다. 물론 그 세상에 사람은 없었다. 지금은 사람 세상이어서, 건너편 김포 쪽 빼곡히 들어선 성냥갑 아파트마다 주인이 있다.

나에겐 내가 우주의 중심이지만, 이렇게 서면, 내가 너무 작은 존재라는 생각이 다른 생각들을 몰아낸다. 비감한 기운이 가슴에 스미면서, 옛 시인의 탄식이 나온다.

앞쪽엔 옛 사람 보이지 않고
뒤쪽엔 오는 사람 보이지 않네.
하늘과 땅의 유유함을 생각하니
홀로 슬퍼져 눈물 흐르네.

前不見古人
後不見來者
念天地之悠悠
獨愴然而涕下

7세기 당(唐)의 시인 진자앙의 「유주대에 올라 부르는 노래(登幽州臺歌)」는 모든 사람들의 속마음을 대변한다. 높은 곳에 오르면, 옛 사람들이 지은 누대든 쓰레기 더미를 흙으로 덮어 만든 공원이든, 너르고 유구한 천지에 비겨 자신이 얼마나 작고 순간적인 존재인가 누구나 새삼 깨닫게 된다. 그래서 그런지, 한강 계곡을 내려다보는 이곳 전망대에선 젊은 연인들이 큰 소리를 내거나 거리낌 없이 웃는 모습을 본 적이 없다.

그러거나 말거나 나는 난간에 기대어 서서 나직이 「한강」을 불러본다. 탁 트인 이 풍경을 보고, 어이 가락 하나 없이 지나칠 수 있겠는가?

> 한 많은 강가에 늘어진 버들가지는
>
> 어젯밤 이슬비에 목메어 우는구나.
>
> 떠나간 그 옛 님은 언제나 오나?
>
> 기나긴 한강 줄기 끊임없이 흐른다.

갑자기 밀려온 중공군을 가까스로 밀어내고 두 번 적군에게 내어준 수도를 되찾자, 사람들은 폐허가 된 서울로 돌아왔다. 그러나 전란으로 죽고 흩어져서, 많은 사람들이 끝내 돌아오지 못했다. 그 안타까움을 담은 「한강」을 나는 산골에서 국민학교 다닐 때 배웠다. 그 노래를 작곡하고 가사를 붙인 최병호가 얼마 전에 타계했다. 그의 부고를 신문에서 읽고, 나는 나를 이룬 수많은 동심원의 맨 바깥에서 작지만 소중한 무엇이 바스러지는 느낌을 받았다.

우리와 오래 공생한 존재, 박테리아

"나는 누구인가?" 소리 내어 물어본다. "수도권 쓰레기 매립지의 거대한 더미에 쓰레기를 조금 보태고 사라지는 것은 아닌가?"

우리는 모두 자신의 몸에 대해 샅샅이 안다. 내 몸이라고 여기는 유기체의 내력과 현황에 대해 잘 알고 날마다 상태를 점검한다. 물론 어디까지가 내 몸이고 어디부터 외부인지 잘 안다고 여긴다.

찬찬히 뜯어보면, 얘기는 그렇게 또렷하지 않다는 것이 드러난다. 우리 몸은 많은 박테리아에게 삶의 터전을 제공한다. 그래서, 비록 우리가 인식하진 못하지만, 우리는 그런 박테리아와 공생한다. 잘 알려진 것처럼, 우리 내장에서 살면서 음식을 분해해서 소화가 되도록 돕는 대장균들이 없으면, 우리는 건강하게 살 수 없다. 우리 콧속의 박테리아는 항생제를 만들어서 병균을 죽인다. 박테리아는 우리 몸에 끊임없이 신호를 보내어 몸의 활동을 조절한다. 몸에 박테리아가 전혀 없는 생쥐는 제대로 자라지 못하는데, 우리 몸도 박테리아가 보내는 신호를 받아야 충분히 자라는 것으로 보인다.

적극적으로 우리를 돕지 않는 박테리아도 나쁜 병균이 들어설 자리를 미리 차지함으로써 우리를 보호한다. 이 기능의 중요성은 근년에 극적으로 증명되었다. 2008년에 한 미국 여인이 악성 장염에 걸렸다. 클로스트리디움 디피실레라는 병균에 감염되었는데, 어떤 항생제도 이 병균을 없애지 못했다. 그래서 설사가 멈추지 않았고 그녀 몸은 8개월 동안에 27킬로그램이나 빠졌다. 병세가 그대로 진행되면, 그녀는 죽게 될 터였다. 상황이 다급해지자, 의사는 마지막으로 세균제제요법(bacteriotherapy)을 시도했다. 그녀 남편의 대변을 조금 받아 식염수에 섞어서 그녀의 직장에 넣은 것이다. 그러자 하루 만에 설사가 그쳤고 몇 주 안에 완쾌되었다.

의사는 그런 치료 전후에 그녀 내장에 사는 박테리아를 조사했다. 치료를 받기 전엔 그녀 내장에 사는 박테리아는 모두 비정상이었다. 치료를 받은 뒤엔 정상적인 박테리아가 자리잡았고 그녀를 괴롭힌 비정상적 박테리아는 사라졌다.

우리 몸에 사는 박테리아의 중요성을 일깨운 최근의 예는 헬리코박터 파일로리 감염의 치료에서 나온 변화다. 이 박테리아가 위궤양과 위암을 일으킨다는 것은 잘 알려졌다. 헬리코박터 감염에 대한 표준 처방은 항생제의 사용이었고, 덕분에 세계적으로 이 박테리아는 빠르게 줄어들었다.

그러나 헬리코박터 이야기는 그리 행복하지 않은 결말을 마련하고 있었음이 드러났다. 이 박테리아가 사라지자, 비만의 수준이 높아지고 식도암과 천식이 늘어났다. 이런 부작용들은 헬리코박터가 그저 외부에서 들어온 또 하나의 병원체가 아니라 우리 몸과 오래 공생한 존재라는 사실에서 나온다. 이 박테리아의 조상은 1억 5,000만 년 전 포유류가 처음 나타났을 때부터 포유류의 위 속에서 살았다. 현재의 종은 적어도 6만 년 전부터 사람의 위 속에서 살기 시작했고, 20세기 중반까지도 인류의 70 내지 80퍼센트가 지녔었다. 박테리아는 아주 빠르게 진화하므로, 6만 년은 진화 과정이 충분히 작용할 수 있는 시간이다.

기생충은 진화 과정을 통해서 자신의 환경인 숙주를 자신에게 맞도록 변형하고 조절하는 능력을 지니게 된다. 이런 능력은 때로 숙주에게 끔찍한 행동도 강요한다. 헬리코박터도 그런 능력을 지녔으니, 위 속에 사는 이 박테리아는 사람이 생산하는 위산의 수준을 자신과 사람에게 맞도록 조절한다. 위산이 너무 많이 생산되면, 위산의 수준을 낮추는 물질을 생산해서 수준을 조절하는 것이다. 불행하게도, 이 물질은 위벽에 해로워서 궤양과 암을 일으킨다.

이런 사정은 우리에게 곤혹스럽다. 헬리코박터는 병을 일으키므로, 감염을 치료해야 하는데, 치료는 위산 수준을 안정적으로 만드는 기능까지 없앤다. 그렇게 되면, 위산 수준은 만성적으로 높아지는 경향이 있다. 너무 많이 나온 위산은 식도로 치솟아서 위-식도 역류증을 부를 수 있고, 그렇게 넘친 위산은 식도벽을 손상해서 암을 부를 수 있다. 근년에 헬리코박터 감염이 줄어들면서 거의 같은 비율로 위-식도 역류증이 늘어났다.

헬리코박터는 사람의 식욕에 관련된 호르몬들을 조절해서 비만에도 영향을 미친다. 이 박테리아가 없는 사람들은 배고픔을 느끼도록 하는 호르몬을 보다 많이 생산한다. 근년에 세계를 휩쓰는 비만에 이 박테리아의 감소가 상당한 몫을 했다는 주장도 있다.

헬리코박터의 감소는 천식의 증가를 부른다. 3세에서 13세 사이의 미국 아이들 가운데 헬리코박터에 감염된 아이는 감염되지 않은 아이보다 천식에 걸릴 확률이 60퍼센트나 낮다.

헬리코박터가 면역 체계를 튼튼하게 만드는 것은 분명하다. 그것이 없으면, 병원체의 단백질에 반응하는 문턱이 낮아진다. 그래서 해롭지 않은 꽃가루나 진드기에도 반응해서 천식과 같은 병들을 일으킨다. 사람의 면역 체계는 오래 공생한 박테리아에 맞추어 조절될 가능성이 높다. 그런 박테리아가 사라지면, 사람의 면역 체계는 제대로 조절되기 어려울 터이다.

사정이 이처럼 복잡하므로, 헬리코박터 감염에 대한 치료도 보다 섬세해져야 한다. 유전적으로 궤양이나 위암에 걸릴 위험이 큰 사람들에겐 이 박테리아를 제거하는 길밖에 없다. 그러나 그런 위험보다 비만이나 천식의 위험이 큰 사람은 박테리아의 제거가 오히려 큰 문제를 일으킬 수 있다.

헬리코박터는 우리로 하여금 자신의 몸을 새삼 살피도록 만든다. 우리 몸 안에서 공생하는 박테리아를 고려하지 않으면, 우리는 자신의 몸의 움직임에 대해 제대로 알 수 없다. 박테리아의 움직임에 대해선 이제 조금 알려지기 시작했지만, 그들의 힘이 무척 세고 그들의 공헌이 긴요하다는 것은 분명하다.

우리 몸은 우리가 자신이라고 여기는 부분과 수많은 박테리아로 이루어진 공생의 체계다. 그 체계에서 박테리아가 차지하는 몫은 생각보다 훨씬 크다. 우리와 공생하는 박테리아는 세포 수에서 우리보다 10곱절 많고 유전자 수에선 100곱절 많다. 우리 몸이 실은 많은 박테리아와 공생하는 생태계라는 사실을 인식해야, 우리는 자신을 제대로 이해할 수 있고 건강을 효과적으로 지킬 수 있다.

항생제를 복용하면, 우리와 공생하는 박테리아의 종류와 수가 바뀌고, 그런 변화는 우리 정체성에서의 변화를 뜻한다. 이런 사실은 건강이나 의료에 관련된 실용적 함의들만이 아니라 우리의 정체성에 관한 형이상학적 함의도 품었다. 나는 누구인가? 항생제의 복용으로 나의 정체성이 바뀐다면, 비록 아주 미세하지만 분명히 바뀐다면, 늘 동일하다고 내가 느끼는 나의 정체성은 얼마나 단단하고 안정적인가?

지구에 남겨진 박테리아의 후손들

우리와 박테리아가 그렇게 다른 것도 아니다. 아주 넓게 보면, 우리도 박테리아에 속한다. 과감하게 말하면, 이 지구에 존재하는 생명체들은 박테리아이거나 박테리아의 변종이다. 예외가 없다.

생물들은 다섯 계(kingdom)로 나뉜다. 근본적 기준은 유전자들의 분포 상태다. 가장 원시적인 계는 유전자들이 막으로 둘러싸이지 않고 한데 몰려있는 원핵생물(prokaryote)인데 박테리아를 가리킨다. 나머지 네 계들은 유전자들이 막으로 둘러싸여서 핵을 이룬 진핵생물(eukaryote)들이다. 단세포 진핵생물은 원생생물(protist)인데, 아메바는 잘 알려진 예다. 다세포 진핵생물들은 식물, 곰팡이(fungus) 및 동물이다.

이렇게 생물들을 다섯으로 분류하도록 만드는 데 공헌한 미국 생물학자 린 마굴리스(Lynn Margulis)는 진핵생물의 세포가 원핵생물들의 공생에서 유래했다는 주장을 폈다. '순차적 내부공생 이론(serial endosymbiosis theory)'이라 불리는 이 이론은 진핵생물들의 세포핵 밖에서 원형질과 함께 있는 유전자들이 실은 세포핵 안의 유전자들과 공생하는 원핵생물 유전자들이며 공생은 순차적으로 이루어졌다고 주장한다.

먼저 유황과 열을 좋아하는 박테리아가 헤엄칠 수 있는 박테리아와 결합해서 세포핵을 이루었다. 다음엔 산소로 호흡하는 박테리아가 참여했다. 이 결합으로 입자 형태의 먹이들을 소화할 수 있는 원생생물이 나타났다. 이런 변환은 20억 년 전에 일어난 것으로 추측된다. 이 원핵생물이 다세포생물로 진화하면서 곰팡이와 동물이 나왔다. 마지막으로 이 원핵생물은 광합성을 하는 녹색 박테리아와 결합해서 녹색 조류(green alga)를 이루었다. 녹색 조류는 식물로 진화했다. 박테리아의 이런 공생은 분명히 모두에게 이로웠고 성공적으로 진화했다.

마굴리스의 이론은 워낙 혁명적이어서, 좀처럼 받아들여지지 않았다. 그러나 그것은 달리 설명할 수 없는 현상들을 깔끔하게 설명했다. 특히, 세포핵 밖에 자리잡고 독자적으로 모계를 통해 유전되는 엽록체와 미토콘드리아의 유래를 멋지게 설명했다. 엽록체는 녹색 박테리아의 후신이고 미토콘드리아는 호흡하는 박테리아의 유전자다. 이제 그녀의 이론은 정설로 자리잡았다.

우리 유전자들이 박테리아의 유전자들로 출발했다는 사실을 깨닫게 되면, 우리는 세상을 새로운 눈길로 보게 된다. 아무리 모습이 서로 달라도, 모든 생명체들을 깊은 수준에서 동질적이다. 한 뿌리에서 나와서 똑같은 세월을 함께 살아왔다.

생명의 본질에 걸맞는 삶의 방식

생태계는 유전자들과 그것들이 거주하는 집인 유기체들로 이루어졌다. 유전자들은 주기적으로 자신들을 복제하면서 살아간다. 그래서 복제자(replicator)라 불린다. 사람이나 나무와 같은 유기체들은 복제자가 환경에 적응해서 생존하기 위해 만들어낸 일시적 존재들이다. 그래서 반응자(interactor)라 불린다.

진화적 관점에서 살피면, 복제자인 유전자가 본질적 중요성을 지닌다. 반응자인 유기체는 유전자를 보존하고 다음 세대로 이어주는 수단일 따름이다.

우리 유전자들이 박테리아의 유전자들로
출발했다는 사실을 깨닫게 되면,

우리는 세상을 새로운 눈길로 보게 된다.

숨 쉬고 음식으로 기운을 차리고
자유롭게 움직이면서
푸른 나무들과 아름다운 꽃들 속에서 산다는 것은
엄청난 행운이다.

그런 행운은
우리 선조들이 아득한 세월에 걸쳐
복잡하고 힘든 공생 과정을
성공적으로 수행한 덕분에 가능해졌다.
자신이 너무 작고
순간적인 존재라는 생각이
드리운 그늘 속에서도,
그런 깨달음은

우리가 고마운 마음으로 삶을 보다
깊이 맛볼 수 있도록 돕는다.

이 세상에 존재하는 모든 생명들이 유전자들을 공유한다는 사실과 그렇게 된 내력을 살피는 것은 우리가 생명의 본질을 보다 잘 이해하도록 돕는다. 그리고 우리가 생명의 본질에 걸맞은 방식으로 살아가야 한다는 것을 일깨워준다. 무엇보다도, 우리가 생태계에서 차지하는 자리에 대해 성찰하도록 만든다.

숨 쉬고 음식으로 기운을 차리고 자유롭게 움직이면서 푸른 나무들과 아름다운 꽃들 속에서 산다는 것은 엄청난 행운이다. 그런 행운은 우리 선조들이 아득한 세월에 걸쳐 복잡하고 힘든 공생 과정을 성공적으로 수행한 덕분에 가능해졌다. 자신이 너무 작고 순간적인 존재라는 생각이 드리운 그늘 속에서도, 그런 깨달음은 우리가 고마운 마음으로 삶을 보다 깊이 맛볼 수 있도록 돕는다.

외롭게 나는 헤맸다

골짜기들과 봉우리들 위에 높이 떠도는 구름처럼,

그때 문득 나는 보았다, 수많은,

거대한 무리의, 금빛 수선화들을;

호숫가, 나무들 아래,

산들바람에 흔들리고 춤추는.

은하수에서 빛나고 깜박이는

별들처럼 이어져,

만의 가장자리를 따라

그들은 끝없는 줄로 뻗었다.

나는 한눈에 보았다

경쾌히 춤추며 머리 흔드는 일만 포기들을.

그들 곁의 물결들도 춤추었다; 그러나 그들은

반짝이는 물결보다 더 즐거웠다:

그렇게 유쾌한 친구들 사이에서

시인이 어찌 즐겁지 않을 수 있겠는가:

나는 보고 또 보았다 그러나 거의 생각하지 않았다

그 광경이 내게 무슨 풍성함을 가져다주었나.

왜냐하면 자주, 내가 소파에 누워

생각이 없거나 생각에 잠겼을 때,

고독이 주는 열락인 마음의 눈에

그들은 환하게 어린다:

그러면 내 가슴은 즐거움으로 가득 차서,

수선화들과 춤춘다.

I wandered lonely as a cloud

That floats on high o'er vales and hills.

When all at once I saw a crowd,

A host, of golden daffodils;

Beside the lake, beneath the trees,

Fluttering and dancing in the breeze.

Continuous as the stars that shine

And twinkle on the milky way,

They stretched in never-ending line

Along the margin of the bay:

Ten thousand saw I at a glance,

Tossing their heads in sprightly dance.

The waves beside them danced; but they

Out-did the sparkling waves in glee:

A poet could not but be gay,

In such a jocund company:

I gazed-and gazed-but little thought

What wealth the show to me had brought:

For oft, when on my couch I lie

In vacant or in pensive mood,

They flash upon that inward eye

Which is the bliss of solitude;

And then my heart with pleasure fills,

And dances with the daffodils.

이 세상에 존재하는
모든 생명이

유전자를 공유한다.

우리는 자신이 사람이라는 것에
무한한 자부심을 지녔다.
사람은 생태계에서 독립된 존재이며
다른 생명체에 대해
절대적 권력을 휘두르는 것이
당연하다고 여긴다.
실제로 누구나 일상생활에서
그렇게 행동하고
모든 사회가 그렇게 정책을 세우고 집행한다.

생명체마다 나름의 삶과 꿈이 있다는 것을
떠올리는 경우는 드물다.

생태계의 근본적 질서는 협력이다.
'백지장도 맞들면 낫다'는 원리는 이 세상의 모든 일들에 적용된다.
바로 그것이 생태계에서 공생을 보편적 현상으로 만들고
인류 문명을 쌓아 올린 원리다.
아무리 모습이 서로 달라도, 모든 생명체는 깊은 수준에서 동질적이다.

한 뿌리에서 나와서 똑같은 세월을 함께 살아왔다.

모든 사랑의 발길은 애틋함의 로마로 통하고

작은 봉우리에 올라 잠시 숨을 돌리면서, 둘러본다. 처음 이 산길을 걸었을 때보다 산이 많이 피폐해졌다는 느낌이 든다. 사람들이 많이 오르니, 어쩔 수 없는 노릇이다. 손등으로 이마의 땀을 씻으며, 한쪽에 자리잡은 바위로 다가선다.

사람은 바위에 끌린다. 아마도 자신의 여린 몸과 짧은 목숨에 대비되는 존재라서 그러하리라. 식민지 지식인의 시뻘건 모멸감을 삶의 의지로 승화시킨 청마의 「바위」가 자유로운 세상에서 사는 우리 마음에도 그리 깊이 울리는 것은 그런 사정 때문일 것이다.

흐르는 구름

머언 원뢰(遠雷)

꿈꾸어도 노래하지 않고

두 쪽으로 깨뜨려져도

소리하지 않는 바위가 되리라.

생태계의 변방을 개척하는 바위옷

바위는 내 눈길을 무심히 받는다. 그러나 내 눈길이 머무는 곳은 바위가 아니라 바위가 위장복처럼 입은 바위옷이다.

바위옷은 지의류(lichen)의 한 종류다. 지의류는 눈에 안 보이는 박테리아를 빼놓고는, 척박한 곳에 맨 먼저 진출하는 생물이다. 바닷가에서 고산지대까지 살지 못하는 곳이 드물다. 나무의 잎과 껍질, 바위, 벽, 묘비를 덮고 추운 툰드라와 뜨겁고 건조한 사막에서 번창한다. 독성 쓰레기 더미에서도 잘 자라고 바위 속에도 깃든다. 실제로 육지 표면의 8퍼센트가 지의류로 덮였다고 추산된다. 종류도 다양해서, 땅에 얇은 막처럼 퍼진 것부터 열대 나뭇가지에 수염처럼 매달려 10미터가량 자라는 것까지 있다.

지의류가 개척해서 흙이 생기면, 이끼와 같은 생물들이 들어온다. 그런 뜻에서 바위옷은 생태계의 변방을 개척하는 전위라 할 수 있다.

지의류는 이끼와 비슷하지만, 식물이 아니다. 실은 하나의 종이 아니라, 곰팡이와 녹색 조류(green alga) 또는 남색 박테리아(cyanobacteria)의 공생체다. 곰팡이와 녹색 조류 및 남색 박테리아는 다른 계에 속하고, 지의류의 구성원들은 독자적으로 재생한다. 자연히, 지의류는 분류가 곤란하지만, 2만가량의 종들이 있다고 여겨진다.

생김새가 식물과 비슷하므로, 지의류는 처음엔 식물로 여겨졌다. 1867년에 지의류가 공생체라는 주장이 처음 나왔지만, 모든 유기체들은 자율적이라는 생각에 막혀, 받아들여지지 않았고, 1939년에야 성공적 합성으로 증명되었다.

계가 다른 종들이 그렇게 공생하는 지의류는 성공적 공생의 전형이다. 곰팡이는 녹색 조류나 남색 박테리아가 광합성으로 만든 먹이를 얻는다. 녹색 조류나 남색 박테리아는 자신을 둘러싼 곰팡이 덕분에 한곳에 정착할 수 있고 외부로부터 보호되고 습기와 양분을 얻는다. 아울러, 지의류 속에는 광합성을 하지 않는 박테리아들도 함께 살면서 아직 밝혀지지 않은 기능들을 수행하는 것으로 보인다. 지의류는 거의 자족한 체계라 할 수 있다.

덕분에 지의류는 혹독한 환경 속에서도 생존할 수 있다. 구성원들이 독자적으로는 도저히 생존할 수 없는 극한적 환경에서도 잘 산다. 2005년 유럽 우주국(European Space Agency)의 실험에선 두 종의 지의류가 15일 동안 외계의 극심한 온도 변화와 우주 방사선에 노출되고도 건강을 잃지 않았다. 자연히, 지의류는 아주 오래 산다. 어떤 것들은 가장 나이가 많은 생물로 꼽힌다.

서로 다른 존재가 밀착해서 살아간다

공생은 서로 다른 두 종이 밀착해서 살아가는 생태학적 관계다. 공생을 이룬 종들은 공생체(symbiont)라 불린다. 대부분의 경우, 두 종은 크기가 달라서, 작은 종은 큰 종의 내부나 외부에 깃든다. 이 경우, 큰 쪽은 숙주(host)라 불리고 작은 쪽만 공생체라 불린다. 공생은 공생으로 얻은 이익의 분배를 기준으로 삼아 셋으로 나뉜다. 숙주와 공생체가 함께 이익을 보는 관계는 상호주의(mutualism)라 불린다. 공생체는 이익을 보지만 숙주에 별다른 영향을 미치지 않는 관계는 동승주의(commensalism)라 불린다. 공생체가 숙주를 착취하는 경우는 기생(parasitism)이라 불린다.

모든 생명체는 자기 이익을 추구하므로, 진정한 공생인 상호주의에서도 이익의 분배를 놓고 공생체들 사이에 다툼이 일어나고 한쪽이 훨씬 큰 이익을 얻는 경우들이 많다. 지의류처럼 성공적인 경우도, 찬찬히 들여다보면, 이익이 공평하게 분배되는 것은 아닌 듯하다. 먼저, 광합성을 하는 공생체는 자연에서 혼자 살아갈 수 있지만, 곰팡이 공생체는 혼자 살아갈 수 없다. 남색 박테리아는 실험실에서 혼자 살아갈 때 지의류의 공생체로 살아갈 때보다 빠르게 자란다. 광합성으로 얻은 양분을 곰팡이가 섭취할 때는 광합성을 한 세포를 파괴한다. 광합성 세포들은 파괴된 만큼 다시 생성되어, 공생이 유지된다. 이런 사정은 숙주가 광합성을 하는 공생체보다 훨씬 큰 이익을 본다는 것을 가리킨다. 다행히, 공생을 통해 얻는 이익이 워낙 크므로, 궁극적으로 녹색 조류나 남색 박테리아도 큰 이익을 본다.

가장 성공적인 공생은 물론 진핵생물을 낳은 원핵생물들의 순차적 내부공생이다. 눈에 보이지 않을 만큼 작고 원시적인 종들이 한 세포 속에 공생하면서 여러 필수적 기능들을 두루 갖춘 종으로 변신한 것이다. 덕분에 지금 지구 표면을 두껍게 덮은 생태계가 진화할 수 있었다. 누가 설계해서 강제한 것도 아닌데, 몇 십억 년 동안 아무런 분란 없이 함께 살아오면서 꾸준히 진화해서 이처럼 풍성한 결과를 낳은 것이다.

이처럼 생태계의 근본적 질서는 협력이다. 생명체들이 협력하면, 유전자의 수준이든 유기체의 수준이든 사회의 수준이든, 보다 큰 이익을 얻을 수 있다. 달리 말하면, 생명체들의 관계는 본질적으로 비영합경기(non-zero-sum game)다. 여럿이 어떤 일에서 협력하면, 그들이 혼자 얻을 이익의 합보다 더 많은 이익을 얻는다. '백지장도 맞들면 낫다'는 원리는 이 세상의 모든 일들에 적용된다. 바로 그것이 생태계에서 공생을 보편적 현상으로 만들고 인류 문명을 쌓아 올린 원리다.

물론 갈등도 많다. 때로는 치열해서 영합경기(zero-sum-game)도 나온다. 협력해서 큰 이익을 얻으면, 그 이익을 분배하는 과정에서 필연적으로 다툼이 나온다. 갈등은 거의 언제나 보다 깊은 수준의 협력 관계에서 나온다. 그리고 협력 관계 자체를 파괴하는 경우는 드물다. 협력보다는 갈등이 우리 눈에 훨씬 쉽게 들어와서 갈등이 생태계의 기본 질서인 것처럼 보일 따름이다.

특정한 종들과 개체들이 밀착한 공생의 형태가 아니더라도, 생태계엔 느슨한 협력들이 많다. 익숙한 예는 농경과 목축이다. 사람은 쌀, 밀, 보리, 콩, 감자와 같은 작물들을 재배하고 개, 소, 돼지, 말, 닭, 양과 같은 가축들을 기른다. 이런 협력에서 사람은 식량, 물자, 에너지 및 심리적 만족을 얻고 작물들과 가축들은 자신들의 유전자들을 널리 퍼뜨린다. 사람이 일방적으로 협력 관계를 맺었지만, 삶의 궁극적 목표를 유전적 이익으로 보는 생물학적 관점에서 보면, 작물들과 가축들도 궁극적 혜택을 보는 거래다. 사람이 작물들과 가축들의 삶을 보다 낫게 만든다면, 이런 협력은 더욱 좋은 관계로 발전할 것이다.

농경과 목축은 개미가 아득한 시절에 발명했다. 나뭇잎을 잘게 썰어 곰팡이를 재배하고 진딧물을 수액이 많은 풀들에 방목해서 자양분을 얻는다. 물론 개미는 곰팡이와 진딧물을 포식자로부터 보호해준다. 개미는 사람보다 덜 자의적이고 사람처럼 의도적으로 잔인하지 않으므로, 이런 협력에서 곰팡이들과 진딧물들이 얻는 이익은 사람의 보호를 받는 작물들과 가축들이 얻는 이익보다 훨씬 크다.

궁극적 협력은 지구 생태계 자체에서 나온다. 영국 과학자 제임스 러브로크(James Lovelock)의 '가이아 가설(Gaia theory)'은 지구 생태계 자체가 하나의 공생체라고 주장한다. 지구 표면의 물리적 및 화학적 조건은 생명체에 의해 그들의 생존에 맞고 편리하도록 바뀌어왔고 앞으로도 그러하리라는 것이 이 가설의 요지인데, 그런 과정에 모든 생명체가 참여한다는 얘기다. 가이아는 고대 그리스신화에서 지구의 여신인데, 이 가설의 상징적 이름으로 쓰인다. 그러나 지구 표면의 생태계가 실제로 여신과 같은 단일적 존재라는 얘기는 아니다.

어느 과학자가 설명한 생태계의 기적

1960년대에 NASA(미국 항공우주국)는 화성에서 생명을 찾아보려는 계획을 세웠다. 러브로크는 화성의 토양에 미생물이 서식하는지 알아볼 실험 장비의 설계자로 이 계획에 참여했다. 그러나 그는 NASA의 접근 방식에 차츰 회의적이 되었다. 대신 그는 "생명의 일반적 특질은 둘레로부터 받아들인 네거티브 엔트로피로 내부의 엔트로피를 줄이고 노폐물을 밖으로 배출하는 것이니, 그 증거를 찾아보는 것이 좋겠다"고 제안했다.

NASA가 자신의 제안을 받아들이지 않자, 러브로크는 눈길을 지구로 돌렸다. 생명이 깃든 행성의 대기는 생명이 없는 행성의 대기와 다르리라고 추론했다. 그는 지구의 대기가 무척 부자연스러운 상태임을 깨달았고 그런 상태가 생태계에 의해 유지된다고 생각했다. 지구의 대기는 여러 기체들 사이에 큰 불평형이 존재해서 엔트로피가 비정상적으로 작다. 그런 불평형 및 네거티브 엔트로피는 생태계의 활동을 가리킨다고 그는 믿었다.

두드러진 예는 대기에 메탄과 산소가 동시에 존재한다는 사실이다. 햇빛 속에서 이 두 기체는 화학적으로 반응해서 이산화탄소와 물을 생성한다. 이런 반응은 아주 빨라서 대기에 늘 존재하는 메탄의 양을 유지하려면, 해마다 5억 톤의 메탄이 대기 속으로 들어와야 한다. 메탄의 산화에 들어간 산소를 보충하려면, 메탄보다 곱절 많은 산소가 대기 속으로 들어와야 한다. 이렇게 많은 양의 메탄과 산소가 비생물적 작용으로 채워질 가능성은 너무 낮아서 고려의 대상이 되지 못한다.

같은 논리는 아산화질소나 암모니아와 같은 다른 반응적 기체들의 존재에도 적용된다. 산소가 많은 대기에서 강렬한 햇빛을 받으면, 이들 기체들은 산소와 빠르게 반응한다. 실은 대기의 대부분을 차지하는 질소의 존재도 정상적이 아니니다. 거대한 해양이 존재하므로, 질소는 화학적으로 안정된 질산염 이온의 형태로 바닷물에 녹아 있는 것이 자연스럽다.

대기가 비정상적으로 구성된 것은 지구를 생명이 살 만한 곳으로 만든다. 대기의 산소 농도는 21퍼센트다. 농도가 이보다 조금이라도 높으면 불이 너무 쉽게 일어나서 살기 어려운 세상이 나온다. 이보다 조금이라도 낮으면 숨쉬기가 어려워서 활동이 느려진다.

여기서 주목할 점은 자연적으로 발생하는 산불의 역할이다. 산소 농도가 높아지면, 산불이 자주 발생한다. 그래서 산소는 탄소와 결합해서 이산화탄소가 되어 산소 농도는 낮아진다. 반대로, 산소 농도가 낮아지면, 산불이 줄어들어, 산소 농도를 올린다. 생태계가 산불을 통해 대기의 구성을 적절하게 조절하는 것이다. 이처럼 생태계가 외부 환경인 대기를 조절하는 모습은 생명체가 내부 환경을 일정한 상태로 유지하는 것과 같다. 그래서 러브로크는 생태계와 그것을 둘러싼 지표, 대기와 해양을 아울러 '가이아'로 파악하고 조절 활동을 항상성(homeostasis)으로 여긴다.

러브로크는 가이아의 항상성을 설명하는 모형으로 '데이지월드(daisyworld)'를 제시했다. 태양의 밝기는 몇 십억 년 동안 꾸준히 늘어났지만, 지구 표면의 온도는 생태계의 생존에 적합한 기온을 유지해왔다. 빙하기라 불리는 시기에서도 기온은 그렇게 많이 내려가지 않았다. 그런 기적을 이룬 것이 생태계 자신이라는 얘기다.

데이지월드의 생태계는 흰 데이지와 검정 데이지로만 이루어졌다. 그들이 자라는 행성은 태양처럼 몇 백만 년 동안 밝기가 꾸준히 늘어난 항성을 돈다. 이처럼 단순화된 세계에서도 생태계의 항상성은 작동해서 데이지월드는 적절한 기온을 유지할 수 있다.

검정 데이지는 상대적으로 햇빛을 잘 흡수하고 흰 데이지는 상대적으로 햇빛을 잘 반사한다. 항성의 밝기가 늘어나면, 햇빛을 잘 흡수하는 검정 데이지가 잘 자라서 널리 퍼진다. 그들은 햇빛을 잘 흡수하므로 둘레를 덥힌다. 마침내 검정 데이지가 아주 많아져서 온도가 너무 올라가면, 검정 데이지는 어려움을 겪게 된다. 대신 햇빛을 잘 반사하는 흰 데이지가 번창하기 시작한다. 흰 데이지는 햇빛을 반사하므로, 둘레 온도도 차츰 내려가기 시작한다. 너무 낮아지면, 이번엔 다시 검정 데이지가 번창하기 시작해서 둘레 온도를 올리기 시작한다. 그래서 햇빛이 점점 강렬해져도, 데이지월드의 기온은 생존에 적합한 범위 안에 머문다.

데이지월드는 참으로 멋진 모형이다. 간단하면서도 항상성이라는 복잡한 현상을 또렷이 설명한다.

이처럼 대기의 구성이 생명의 생존에 적합한 수준에서 균형을 이룬 것은 생존에 필요한 다른 필수적 조건들에서도 볼 수 있다. 그리고 그런 균형은 가이아의 항상성으로 설명된다.

지구 표면의 화학적 성질은 이내 눈에 뜨이는 예다. 메탄이 이산화탄소로 바뀌고 황화물이 황산염으로 바뀌면, 지구 표면은 생명이 나올 수 없을 만큼 심한 산성이 된다. 생명이 나온 뒤 지구 표면은 화학적 중성을 유지해왔다. 생태계는 해마다 10억 톤의 암모니아를 생산하는데, 이것은 자연적으로 생산되는 산성 물질을 중화하는 데 필요한 양에 가깝다. 반면에, 화성과 금성은 너무 산도가 짙어서 지구의 생명체와 같은 생명체는 나올 수 없다.

순환하는 세계, 지구

지구 생명체는 바다에서 처음 나왔고 지금도 무게로 따져 생명체의 반은 바다에서 산다. 바다에서 세포가 살려면, 세포 내부와 둘레 바닷물의 염도가 좁은 허용 범위 안에 있어야 한다. 특히, 염도가 6퍼센트를 넘어선 안 된다. 대륙에서 빗물이 흙을 날라오고 해저에서 염분이 올라오므로, 바닷물은 점점 짜지게 마련이다. 그러나 화석들은 적어도 몇 억 년 동안 바닷물이 현재의 염도인 3.4퍼센트에서 크게 벗어나지 않았고 6퍼센트를 넘은 적이 없다는 것을 증언한다. 바닷물의 염도가 그렇게 변하지 않은 것은 바다에 사는 생물의 활동 덕분이라는 증거가 점점 많아진다. 바다의 생명체들은 바다로 유입되는 여러 물질을 기체로 만들어 대기로 돌려보내서 궁극적으로 육지가 잃은 물질들을 채워준다.

이처럼 지구 생태계는 자신 안에서 물질들을 순환시킨다. 그리

일생이 끝나면, 사라진다.
한 몸을 이루었던 세포들과 유전자들이 영원히 흩어지는 것이다.
이 우주가 사라질 때까지, 똑같은 유기체는 나올 수 없다.
풀 한 포기에서 다람쥐 한 마리까지, 우리는 모두 독특하다.
그래서 모든 유기체엔 애틋함이 어린다.
만나면 헤어지게 마련이라는 이치에 따라

흩어질 운명이 애틋한 기운으로 어린다.

고 그 일에는 모든 생명체들이 참여한다. 광합성을 하는 생물들의 노폐물이 사람을 비롯한 다른 생물들에겐 '신선한 산소'다. 초식 동물들의 트림으로 대기에 보태진 메탄은 대기 속의 산소 농도를 21퍼센트로 안정시켜 산불과 질식 사이의 미묘한 균형을 유지하는 일에서 큰 몫을 한다.

그래서 러브로크는 화성에 지구와 같은 대기가 존재하지 않는다는 사실을 들어 화성엔 생명체가 없다고 단언했다. 여러 해 뒤 바이킹 탐사선은 그의 예측을 확인하는 일만 했다.

'가이아 가설'은 생태계의 근본적 질서가 협력임을 잘 보여준다. 경쟁과 포식은 원초적 현상이지만, 협력은 근본적 원리로 작용한다. 실제로, 생태계 어느 구석을 보더라도, 우리는 협력이 근본적 질서임을 확인한다. 갈등은 협력의 과실을 나누는 과정에서 생기는 경우가 많다.

그런 협력의 모습들 가운데 우리에게 가장 소중한 것은 유기체들의 몸이다. 유기체들은 부모가 물려준 2개의 배우자들이 만나서 이루어졌다. 우연히 만난 두 개체가 하나로 융합되어 다투지 않고 별 탈 없이 한평생을 살아간다.

그러나 유기체들은 일생이 끝나면, 사라진다. 한 몸을 이루었던 세포들과 유전자들이 영원히 흩어지는 것이다. 이 우주가 사라질 때까지, 똑같은 유기체는 나올 수 없다. 풀 한 포기에서 다람쥐 한 마리까지, 우리는 모두 독특하다. 그래서 모든 유기체엔 애틋함이 어린다. 만나면 헤어지게 마련이라는 이치에 따라 흩어질 운명이 애틋한 기운으로 어린다.

내가 잊힌 뒤에도 여전히 살아갈 바위옷에 고개를 끄덕이고 돌아선다. 이미 바람과 서리에 흩어진 사람들에 대한 시린 그리움으로 졸시 한 구절을 뇌어본다.

사랑스러운 이와 함께 건넌
그 흐린 시간의 강물
지금은 어디쯤 흐르나.

우리가 안은 운명의 발길이야
가볍게 만나고
더 가볍게 갈리지만

아 이제 우리는 아네
모든 사랑의 발길은
애틋함의 로마로 통한다는 것을.

젊은 연인들이 지나쳐간다. 달뜬 얼굴들이 보름달 같다.
그들의 마음속엔 추상적 걱정이 자리잡을 틈은 없다.

사랑하는 사람의 모습만 보인다.

당신은 루브르 박물관이다

강변을 따라 핀 과꽃들이 곱다. 아직 철이 아닌데, 요즈음엔 꽃이 일찍 핀다. 수수한 자태가 마음에 들어서 눈길이 오래 머문다.

올해도 과꽃이 피었습니다.

꽃밭 가득 예쁘게 피었습니다.

누나는 과꽃을 좋아했지요.

꽃이 피면 꽃밭에서 아주 살았죠.

과꽃 예쁜 꽃을 들여다보면

꽃 속에 누나 얼굴 떠오릅니다.

시집간 지 온 삼 년 소식이 없는

누나가 가을이면 더 생각나요.

어효선의 동요 「과꽃」은 시집간 뒤 친정에 소식조차 보내지 못하는 누나를 그리워하는 마음을 잘 드러냈다. 예전엔 한번 시집가면, 친정 나들이가 어려웠다. 친정에 소식을 보내는 일조차 쉽지 않았다. 친정 어른들도 출가외인이라면서 적어도 겉으로는 반기지 않았다. 신부가 시집으로 들어가서 평생 거기서 사는 것은 보편적이라, 우리는 그것에 대해 별다른 생각을 하지 않는다. 그러나 그런 여성족외혼(女性族外婚)은 사회의 구조와 움직임을 근본적으로 규정하는 제도다. 결혼과 가족에 관한 풍습들과 사회기구들은 거의 모두 여성족외혼에서 나왔다.

여성 중심으로 가족을 이룰 수 없는 생물학적 이유

인류 사회들은 일반적으로 여성족외혼을 채택해왔다. 그러나 그것은 권력의 불균형을 낳는다. 남성은 혈연적으로 가까운 구성원들과 연합하여 가족의 위계에서 높은 자리를 차지한다. 혈연 관계가 전혀 없는 집단으로 혼자 들어온 여성은 자신의 권력 기반을 마련할 길이 없다. 특히, 새 집단에 의해 받아들여지려면, 먼저 들어와서 나름의 권력 기반을 마련한 여성들의 호의를 얻어야 한다. '시집살이'는 여성족외혼을 채택한 사회들에서 보편적인 현상이다.

왜 여성족외혼인가? 어떤 종(種)이 여성족외혼을 채택해야 할 까닭은 없다. 언뜻 보기엔, 오히려 남성족외혼이 합리적이다. 모든 종들에서 생식의 과업은 주로 여성에 의해 수행된다. 생물학에서 여성은 보다 큰 성 세포를 생산하는 성을 가리킨다. 여성이 생식과 육아를 주도하니, 가족을 여성 중심으로 이루는 것이 편리하고 실제로 남성족외혼을 채택한 종들도 많다.

가장 그럴듯한 설명은 사람의 높은 남성 부모 투자(male parental investment)다. 하등 동물들의 경우, 생식에서 남성은 정자만을 제공한다. 정자는 태아에 필요한 양분을 지니지 않았으므로, 남성 부모의 투자는 실질적으로 유전자뿐이다. 좀 더 발달한 종들에선, 여성을 유혹하기 위해서 남성이 먹이나 둥지를 제공한다. 즉 발전한 종일수록 남성 부모 투자는 높아지는 경향이 있다. 사람의 경우, 아버지의 자식에 대한 투자는 어머니의 그것과 비슷하다. 그렇게 높은 남성 부모 투자는 오랜 보살핌이 필요한 유아의 양육과 교육을 가능하게 했다. 생각해보면, 인류의 가장 두드러진 특질들 가운데 하나며 인류 문명을 쌓아 올린 원천적 힘이다.

사람의 남성 부모 투자가 아주 높으므로, 사람의 여성은 다른 종에서 남성이 지니는 특질을 많이 지녔다. 일반적으로 구애는 남성이 하지만, 사람의 경우, 여성이 구애에서 아주 적극적이다. 일반적으로 화려한 장식은 남성이 하지만, 사람의 경우, 화장과 치장은 여성이 주로 한다.

어쨌든, 사람에게 남성 부모 투자는 양성 사이의 관계에서 결정적인 요인이고 사회의 모습과 성격에 근본적 영향을 미친다. 여성은 높은 남성 부모 투자가 가능한 사내를 배우자로 삼으려 애쓴다. 모든 사회에서 여성은 남성보다 배우자 후보의 재산, 소득, 그리고 사회적 지위에 훨씬 큰 관심을 보인다. 의식하든 하지 못하든, 여성은 모두 높은 남성 부모 투자를 제공할 수 있는 남성에게 끌리는 것이다.

이런 통찰이 최근에야 나온 것은 아니다. 영국 시인 새뮤얼 테일러 코울리지는 "사내의 욕망은 여자에 대한 것이지만, 여자의 욕망은 사내의 욕망에 대한 것이 아닌 경우가 드물다(The man's desire is for the woman; but the woman's desire is rarely other than for the desire of the man)"고 말했다. 위대한 시인의 통찰력은 남녀 사이의 차이를 직관적으로 읽어낸 것이다.

높은 남성 부모 투자는 남성이 아내가 낳은 자식이 정말로 자기 자식임을 확신할 수 있을 때에야 나올 수 있다. 남의 자식을 키우는 것은 자신의 유전자가 재생되지 못하고 사라지는 것을 뜻하므로, 어느 사회에서나 '오쟁이 진 사내(cuckold)'는 치욕이다. '오쟁이를 질 위험'은 늘 있다. 전략적으로, 여성은 여러 남성과 관계를 맺는 것이 유리하다. 한 남성의 유전자를 물려받은 자식은 같은 유전적 결함이나 한계를 지닐 가능성이 높다. 자식이 여러 남성의 유전자를 물려받도록 하는 것은 생물학적으로 좋은 전략이다. 실은 그런 전략이 성의 기본적 기능인 '유전자 뒤섞음'을 보다 충실히 따르는 셈이다. 실제로 여성의 부정은 오랜 역사를 지녔다.

'불륜의 사랑'이 없다면, 문학이 얼마나 가난해질 것인가? 헬레나가 연인과 함께 바다 건너 도피하지 않았다면, 말로우의 「파우스트 박사(Doctor Faustus)」는 이런 구절을 얻지 못했을 터이다.

이것이 1,000척 배들을 띄우고

일리엄의 끝없이 높은 탑을 태운 얼굴인가?

Was this the face that launched a thousand ships,

And burnt the topless towers of Ilium?

그리고 에드가 앨런 포는 「헬렌에게(To Helen)」를 쓰지 못했을 것이다.

절망적 바다들을 오래 떠돌았을 때,

그대의 히아신스 머리, 그대의 고전적 얼굴,

그대의 물 요정 자태는 나를 이끌었네

그리스였던 영광으로

그리고 로마였던 위엄으로.

On desperate seas long wont to roam,

Thy hyacinth hair, thy classic face,

Thy Naiad airs have brought me home

To the glory that was Greece,

And the grandeur that was Rome.

당연히, 모든 남성들은 자기 아내가 자기 자식들만 낳도록 갖가지 방책들을 강구한다. 그런 노력의 자취는 지금 우리 몸과 마음에 뚜렷이 남아 있다. 아울러, 사회 조직과 기구에 반영되었다. 거의 틀림 없이, 여성족외혼은 여성의 혼외정사의 기회를 줄여서 높은 남성 부모 투자가 가능하도록 하는 장치로 나왔을 것이다. 남성의 친족들로 이루어진 가족은 그의 아내가 다른 사내와 접촉하는 기회를 차단하는 데 결정적 도움을 줄 수 있다. 남성의 자식은 모두 그의 가족의 가까운 친족이지만, 여성이 외간 남자의 자식들을 낳으면, 모두 유전적 관계가 없는 남이다.

남성족외혼의 경우엔 사정이 다르다. 여성이 낳은 자식은 아버지가 누구인가 가리지 않고 모두 그 가족의 친족이다. 따라서 여성의 가족은 장가든 사내의 자식들을 선호할 까닭이 없고 여성이 다른 사내의 자식을 낳는 것을 굳이 막지 않을 것이다.

이런 유전적 고려 사항은 흔히 인식되는 것보다 훨씬 강력한 힘으로 작용한다. 고모와 이모는 같은 삼촌이다. 그러나 대체로 고모보다는 이모가 조카들을 잘 보살핀다. (간판에 '이모집'이라고 쓰인 것을 우리는 흔히 보지만, '고모집'은 보기 드물다. '고모집'에선 우리가 '이모집'에서 느끼는 푸근함이 느껴지지 않는다.) 이모에게 자기 자매가 낳은 아이는 모두 자기 피붙이이지만, 고모로선 조카의 아버지에 대해 확신을 지닐 수 없다.

여성과 남성은 서로 다르고,
덕분에 보다 뚜렷한 정체성과 보다
큰 가치를 지닌다.
그렇게 다른 점이 가족의,

그리고 나아가서 사회의, 바탕이다.

이런 계산은 양친의 가족 모두에게 해당된다. 외손주에 대한 사랑이 친손주에 대한 사랑보다 깊다는 것은 대체로 인정된다. 자기 딸이 낳았으므로 외손주는 모두 자기 피붙이이지만, 며느리가 낳은 친손주는 자기 피붙이임을 확신할 수 없다. 이 미묘한 차이는 보기보다는 큰 영향을 미치니, 연전에 독일에서 수행된 연구에 따르면, 친할머니가 맡은 아이보다 외할머니가 맡은 아이가 상당히 나은 환경에서 자란다.

이런 상황에서 남성은 자기 아내가 자신의 자식만을 낳도록 하기 위해서 여성족외혼을 선호했을 터이고, 여성은 높은 남성 부모 투자를 얻기 위해 여성족외혼에 동의했을 터이다. 여성들로선 남성족외혼의 여러 이점보다 여성족외혼에서야 가능한 높은 남성 부모 투자가 더 가치가 있었을 것이다. 즉 여성족외혼은 여성과 남성 모두에게 이로운 제도였다.

1,000만 년의 전통을 가진 여성족외혼

여성족외혼은 여성들이 동의했으므로 생겨나고 이어질 수 있었으리라는 점은 강조되어야 한다. 아마도 이런 사정이 대부분의 여성들이 급진적 여성운동에 호의적이지 않았던 까닭일 것이다. 그들은 본능적으로 느끼거나 의식적으로 인식했을 것이다, 여성족외혼에 바탕을 둔 전통적 가족 체계가 자신들에게 다른 어떤 구도보다도 큰 혜택을 준다는 것을, 그리고 급진적 여성운동이 가족제도에 위협이 된다는 것을.

물론 여성족외혼에서 나온 남성 우월주의는 자칫하면 흉측한 모습으로 변태해서 여성을 괴롭힌다. 여성 할례, 축첩, 조선조의 기생과 같은 공식적 성적 노예 제도, 회교권의 야만적 여성 억압과 같은 끔찍한 일들은 이내 눈에 뜨이는 변태들이다. 그러나 그것들이 여성족외혼의 목적이나 본질은 분명히 아니다. 그것들을 바로 잡는 길이 없는 것도 아니다.

여기서 우리가 고려해야 할 것은 여성족외혼이 아주 오래된 전통이라는 점이다. 모든 유인원은 여성이 자기가 태어난 집단을 떠나 남성의 집단으로 들어가는 풍습을 지녔다. 사람(homo)은 유인원이다. 유인원에는 다섯 속(genus)이 있는데, 아프리카 유인원인 사람, 침팬지, 고릴라의 셋이 사회적이고 아시아 유인원인 긴팔원숭이와 오랑우탄은 뚜렷한 사회를 이루지 않는다. 그리고 사회적인 아프리카 유인원 세 속 모두 여성족외혼을 한다. 따라서 사람, 침팬지 그리고 고릴라의 공통된 조상도 여성족외혼의 풍습을 지녔었다고 추리할 수 있다. 아프리카 유인원의 조상과 오랑우탄의 조상이 갈라진 것은 대략 1,200만 년 전이다.

즉 사람의 여성족외혼은 줄잡아도 1,000만 년을 훌쩍 넘는 전통이다. 그 긴 세월 동안 우리는 여성족외혼을 불변의 사회 환경으로 지니고 진화해온 것이다. 영국 생물학자 맷 리들리(Matt Ridley)가 지적한 대로, "어떤 종이 여성족외혼에서 남성족외혼으로 또는 그 반대로 바꾸는 것은 상당히 어려운 것으로 보인다." 자연히, 유전자에 담긴 우리의 천성은 여성족외혼과 그것이 포함한 갖가지 사회적 기구들과 풍습들에 맞춰졌다.

전통을 이상에 맞게 바꾸려는 시도

이제 사람은 문명을 발전시켰고 그런 문명에 걸맞은 이상을 추구한다. 그 과정에서 필연적으로 전통을 이상에 맞게 바꾸려 시도하게 된다. 성적 평등은 그런 이상들 가운데 아주 중요한 것이다. 이렇게 보면, 여성족외혼에서 나온 호주제나 부성주의가 제기하는 문제는 본질적으로 천성과 이상의 충돌이다. 호주제와 부성주의는 우리의 천성에 맞지만 우리의 이상에 거스른다.

그런 뜻에서 이 문제엔 반어적 측면이 있다. 여성족외혼과 그것이 뜻하는 여성의 열등한 사회적 지위를 통해서 높은 남성 부모 투자가 가능했고, 높은 남성 부모 투자를 통해서 발전된 문명이 가능했고, 발전된 문명을 통해서만 성적 평등이라는 이상이 나올 수 있었다. 이제 성적 평등이라는 이상은 여성의 열등한 사회적 지위라는 눈에 보이는 악을 공격하고 그런 공격은 궁극적으로는 이상 자신의 원천인 여성족외혼을 공격하는 것이다. 이것은 보기보다는 심각한 문제다.

이 문제를 합리적으로 다루려면, 우리는 심중하고 어려운 물음 두 개에 먼저 답해야 한다. "여성족외혼의 풍습을 바꾸는 것이 바람직한가? 만일 그렇다면, 우리는 그렇게 할 수 있는가?" 이 근본적 물음들에 대한 내 생각은 회의적이다. 우리가 가볍게 옆으로 밀어내기엔 여성족외혼이 시행된 1,000만 년이 넘는 세월이 너무 무겁다.

합리적 태도는 성적 평등에 관한 논점들을 적절한 맥락 속에 놓고서 그것들의 유래와 기능들을 살피는 것이다. 어느 위대한 진화생물학자가 지적한 대로, 생식의 관점에서 살피면 여성과 남성은 "서로 다른 종"이다. 그런 차이는 진화의 결과여서, 우리가 어떻게 영향을 미칠 수 없다. 그것은 우리가 추구하는 사회적 평등과는 다른 차원의 일이다. 여성과 남성 사이의 산술적 동등을 기계적으로 추구하는 일은 어리석고 위험하다.

하이에크가 지적한 대로, 사람들이 실제로 같지 않다는 점 덕분에 우리는 그들을 평등하게 대우할 수 있다. 만일 모든 사람이 그들의 재능과 취향에서 완전히 같다면, 우리가 추구하는 사회적 조직을 이루기 위해서 우리는 그들을 차별적으로 대우해야 할 것이다.

다행히, 그들은 같지 않고, 그래서 기능의 차별화가 자의적 판단에 의해 결정되어야 할 필요가 없다. 모든 사람에게 같은 방식으로 적용되는 규칙이라는 형식적 평등을 만들어낸 뒤엔, 우리는 개인이 자신의 일을 찾도록 내버려둘 수 있다. 사람들을 같게 대우하는 것과 그들을 같게 만들려는 것은 본질적으로 다르다. 전자는 자유 사회의 조건이지만, 후자는 프랑스 사상가 드 토크빌의 말대로 '새로운 형태의 굴종'을 뜻한다.

애초에 '유전자 뒤섞음'을 위해서 성이 발명되었으므로, 여성과 남성은 서로 다르고, 덕분에 보다 뚜렷한 정체성과 보다 큰 가치를 지닌다. 그렇게 다른 점이 가족의, 그리고 나아가서 사회의, 바탕이다. 그런 다름을 인정하는 것은 성적 차별과는 전혀 다른 일이다.

모든 여성의 궁극적 목표는 배우자의 남성 부모 투자를 극대화하는 것이다. 따라서 여성의 권리와 복지를 늘리려 애쓰는 이들은 남성 부모 투자를 격려하는 기구들과 정책들을 도입해야 한다. 자유롭고 민주적인 사회에서 특권을 누릴 계층이 있다면, 그것은 가임기의 여성일 터이다. 그리고 임신했거나 수유하는 여성에 대한 지원보다 효율이 높은 사회적 투자는 없다. 태아들이 좋고 안정적인 환경을 누리도록 하는 일은 특히 중요하다. 사람의 운명은 실질적으로 어머니의 뱃속에서 결정된다.

지난 두 세대 동안 한국 사회에서도 핵가족이 보편적 가족 형태로 자리잡았다. 많은 신혼부부들이 시댁에서 살지 않고 따로 산다. 여성족외혼은 아직 보편적이지만, 여성 배우자의 혼외정사 억제라는 그것의 핵심 기능은 실제로는 사라졌다. 이런 변화가 가족과 관련된 여러 현상들에, 예컨대 혼외정사, 이혼, 낙태, 출산율 저하, 자살과 같은 것들에 영향을 미칠 가능성은 크다. 그러나 여성족외혼을 실질적으로 강화할 길은 보이지 않는다. 걱정스럽다.

젊은 연인들이 지나친다. 달뜬 얼굴들이 보름달 같다. 그들의 마음속엔 여성족외혼의 약화와 같은 추상적 걱정이 자리잡을 틈은 없다. 사랑하는 사람의 모습만 보인다.

당신은 최고다,

당신은 콜로세움이다,

당신은 최고다,

당신은 루브르 박물관이다,

당신은 스트라우스의

교향곡의

선율이다,

당신은 벤델 모자요,

셰익스피어의 소넷이다,

당신은 미키 마우스다.

You're the top,

You're the Colosseum,

You're the top,

You're the LouvreMuseum,

You're melody

from a symphony

by Strauss,

you're a Bendel bonnet,

A Shakespeare sonnet,

You're Mickey Mouse.

젊은 연인들은 속삭이리라. 그들의 대화가 콜 포터의 노래만큼 서정적이지 못하다고 무슨 상관이랴. 연인들은 듣지 않아도 안다. "당신은 루브르 박물관이다."

생태계 어느 구석을 보더라도,
우리는 협력이 근본적 질서임을 확인한다.
갈등은 협력의 과실을 나누는 과정에서
생기는 경우가 많다.

하이에크가 지적한 대로,
사람들이 실제로 같지 않다는 점 덕분에
우리는 그들을 평등하게 대우할 수 있다.
만일 모든 사람이
그들의 재능과 취향에서 완전히 같다면,
우리가 추구하는
사회적 조직을 이루기 위해서

우리는 그들을
차별적으로 대우해야 할 것이다.

이 세상에 존재하는 모든 생명이
유전자를 공유한다는 사실과
그렇게 된 내력을 살피는 것은
우리가 생명의 본질을 보다 잘 이해하도록 돕는다.
그리고 우리가 생명의 본질에 걸맞은 방식으로
살아가야 한다는 것을 일깨워준다.

무엇보다도, 우리가 생태계에서
차지하는 자리에 대해 성찰하도록 만든다.

행복의 본질을 깊이 알려면,
삶의 궁극적 목표와

행복 사이의 관계에 대해 살펴야 한다.

흙담 안팎에 호박 심고

초등학교 하교 시간엔 세상이 갑자기 환해진다. 교실에서 풀려난 아이들이 재잘거리고 춤추면서 함께 집으로 돌아가는 모습보다 흐뭇한 풍경은 드물다. 파릇한 싹들이 활기차게 자라나는 것이다.

어지간한 것으로는 녀석들의 몸을 가득 채운 삶의 기운을 누를 수 없다. 녀석들에게 세상은 그저 좋은 곳이다. 무엇보다도, 세상의 맛이—냄새와 빛깔과 신비로움이—어른들에게보다 훨씬 짙고 선명하게 다가온다.

해는 봄이고,

날은 아침이다;

아침은 일곱 시고;

산비탈은 이슬 진주들로 덮였다;

종달새는 날개를 펴고;

달팽이는 가시나무에 앉았다;

신은 하늘에 있고—

이 세상 모든 것들이 잘 돌아간다.

The year's at the spring,

And day's at the morn;

Morning's at seven;

The hillside's dew-pearled;

The lark's on the wing;

The snail's on the thorn;

God's in his Heaven-

All's right with the world.

녀석들은 모두 로버트 브라우닝의 「피파의 노래(Pippa's Song)」

를 부르는 셈이다. 행복이란 말을 입에 올릴 나이는 아니지만, 더 할 나위 없이 행복하다.

어쩌면 녀석들은 행복이란 말을 잘 모르기 때문에 행복한지도 모른다. 존 스튜어트 밀의 말대로 "당신 자신에게 행복한가 물어보는 순간, 당신은 행복하기를 멈춘다." 그래서 나는 가볍게 녀석들을 축복해준다, "부디 행복이란 말을 드물게 떠올리기를."

유기체의 관점에서 본 행복의 정의

요즈음 행복이란 말이 부쩍 자주 들린다. 살기 어렵다고 느끼는 사람들이 갑자기 늘어났다는 것일까?

행복은 물론 옛적부터 삶의 목표로 꼽혔다. "가장 많은 사람들의 가장 큰 행복은 도덕과 입법의 바탕이다"라는 제러미 벤담의 말은 자주 인용된다. 1776년에 나온 미국 독립선언서는 '행복의 추구'를 '양도할 수 없는 권리들' 가운데 하나로 규정했다.

그러나 막상 행복에 대해 생각해보면, 그것의 실체는 좀처럼 드러나지 않는다. 자신이 행복한지 불행한지 판별하기는 쉽지만, 왜 행복한지, 무엇이 행복을 구성하는 요소인지, 얼마나 행복한지, 뚜렷이 알기 어렵다. 심리 상태는 원래 이해하거나 측정하기 어렵다. 행복이 삶의 궁극적 목표라면, 어째서 행복이 그렇게 모호한 것일까? 이것은 보기보다는 진지하고 중요한 물음이다.

우주는 모호한 원리에 바탕을 두고 이루어졌을리 없다. 우리가 아는 한, 우주는 더할 나위 없이 논리적으로 구성되고 움직인다. 논리적이 아닌 것은 이 우주에 존재할 수 없다. 존재할 자격이 없다고까지 말할 수 있다.

어떤 것이 논리적으로 움직이면, 그것은 최적의 상태를 지향할 것이다. 찬찬히 들여다보면, 실제로 거의 모든 것들이 어떤 특질을 최적화한다. 먼저 눈에 뜨이는 것은 우리가 자신의 복지를 최적화하는 행태다. 기업이 이윤을 최적화하는 것도 익숙한 예다. 법칙들의 작용이 가장 뚜렷한 물리적 수준에서 이런 사정이 두드러진다. 예컨대, 빛은 시간을 최적화한다. 그래서 빛은 두 지점 사이를 움직일 때 걸리는 시간을 최소화한다. 밀도가 다른 유체를 지날 때 빛이 굴절하는 것은 이 때문이다. 이런 현상들은 광학의 기본 법칙인 '페르마(Fermat)의 최소 시간의 법칙'으로 설명되었고 궁극적으로 '변분원리(variational principles)'라는 모습으로 일반화되었다.

자연이 어떤 특질을 최적화하려면, 그 특질을 잴 수 있어야 한다. 잴 수 없는 것들은 최적화할 길이 없다. 따라서 잴 수 없는 특질은 근본적이라고 볼 수 없다. 행복은 정의하기도 어렵고 측정하기는 실질적으로 불가능하고 측정에 들어갈 요소를 고르는 데도 사람마다 다를 터이다. 즉 최적화가 애초에 불가능한 특질이다. 그런 특질이 삶의 궁극적 원리나 목표가 되기는 어렵다.

행복의 본질을 깊이 알려면, 삶의 궁극적 목표와 행복 사이의 관계에 대해 살펴야 한다. 모든 생명체의 목표는 영생이다. 그래서 자식을 낳아 자기 목숨을 끝없이 유지하려 애쓴다. 보다 근본적 수준에선 자기 유전자를 되도록 많이 퍼뜨리려 애쓴다.

자식을 통해 영생하려면, 유기체는 생존과 생식에 도움이 되는 욕망을 지녀야 하고 그것들을 충족시키려 애써야 한다. 그런 욕망이 충족된 상태는 우리가 행복이라 느끼는 상태다. 건강하고 경제적으로 여유가 있고 사회적으로 높은 위치에 오르고 사람들과 잘 어울리고 이성에게 매력적이고 마음에 드는 이성을 배우자로 맞아 뛰어난 자식들을 낳아서 잘 기르면, 우리는 행복하다. 그래서 행복을 추구하면, 우리는 자연스럽게 생존과 생식이라는 궁극적 목표를 이루게 된다. 즉 행복은 궁극적 목표를 알려주는 깃발과 같다. 그 깃발을 따라 올라가면, 우리는 생존과 생식이라는 우리의 목표를 이루게 된다.

걱정스럽게도, 사람의 경우, 이처럼 멋진 구도가 점점 비효과적이 되어간다. 유기체의 생존과 생식을 돕는 행복이 스스로 목표가 되어가기 때문이다. 생명의 기본단위는 유전자이고, 유기체들은 유전자들이 자신들의 생존과 생식을 돕는 도구로 만들어낸 존재다. 그래서 모든 유기체는 유전자를 한껏 퍼뜨리려 애쓴다. 자식을 되도록 많이 낳아서 키우려는 노력은 바로 그런 목적에 봉사한다. 동물들이 뇌를 갖추어 지능을 지니게 되자, 유기체들의 행동 영역은 갑자기 넓어졌다. 유기체들은 이전처럼 늘 유전자들의 지시에 따라 본능적으로 행동하는 것이 아니라 점점 많은 일들에서 스스로 판단하게 되었다. 유기체들에 대한 유전자들의 지배가 간접적이 된 것이다.

지능이 유난히 발달한 사람은 늘 자신을 예민하게 의식하고 자신을 위하게 되었다. 즉 사람은 유전자들의 절대적 명령에서 부분적으로 자유롭게 되었다. 문화가 발전해서 사람이 유전자들의 명령을 많이 거스르면서 자신의 행동을 통제할 수 있게 되자, 욕망들의 추구는 그 자체가 목적이 되었다. 특히 중요한 변화는 성욕이 생식과 분리되어 추구되기 시작한 것이다. 생존에 필요한 수준 이상으로 자원을 얻으면, 사람은 잉여 자원의 대부분을 자식을 낳아 기르는 일이 아니라 자신의 욕망을 충족하는 데 쓴다.

그들은 자신의 욕망을 위해서 유전자의 강력한 명령에 저항하는 것이다. 이런 '육체의 반역'이 결혼과 가족에서 나온 일련의 변화들의, 특히 출산율의 급격한 저하의, 근본적 요인이다.

행복의 본질은 세대를 잇는 것이다

행복을 궁극적 목표로 삼으면, 사람은 궁극적으로 불행해진다. 짙은 쾌락을 맛보지만, 공허감이 따른다. 수단이 목적이 되어, 진정한 목표의 성취에 따르는 만족감을 얻지 못하는 것이다. 행복을 찾는 길은 역설적으로 행복을 궁극적 목표로 삼지 않는 것이다. 대신 행복의 본질을 잘 살펴서, 행복이 봉사하는 궁극적 목표인 '자식 농사'를 잘 짓는 것이다. 지금 세대들은 상상하기 힘든 갖가지 고생을 하면서 평생을 보낸 우리 위 세대들이 자신의 운명에 대해 그리 큰 불평을 하지 않고 견디어낸 것은 바로 그런 사정 덕분이다.

모든 일에서 자식 위주였던 그분들은 자식의 처지가 나아지는 것을 유일한 행복으로 삼았다. 자식의 즐거움에서 자신의 즐거움을 얻는 부모를 보면 우리는 '대리 만족'이란 말을 쓴다. 이 말은 적절치 못하다. 부모는 자식을 통해서 즐거움을 간접적으로 맛보는 것이 아니다. 자식이 삶을 즐기는 것은 부모에겐 자신이 직접 맛보는 원천적 즐거움이다. 그것은 워낙 근본적이어서, 부모가 자신의 다른 욕망을 충족시켜서 맛볼 수 있는 즐거움보다 훨씬 깊고 크다. 그 사실을 깨닫지 못하면 누구도 행복을 찾을 수 없다.

마음에서 발견하는 진화의 산물, 시기심

현실적으로, 행복해지려면, 적어도 불행해지지 않으려면, 모두 잘 아는 것처럼, 경제적 여유가 중요하다. 자신의 복지를 위해서도 그렇지만, 자식을 제대로 가르치고 좋은 짝을 찾아주는 데 긴요하다. 그래서 모두 기를 쓰고 돈을 벌려 애쓴다.

돈 버는 것을 폄하하는 사람들도 많다. 종교 지도자는 대부분 그렇다. 세력이 큰 교단의 도움을 받는 종교 지도자는 의식주를 걱정하지 않고 사회적 지위도 높다. 돈에 관한 한, 그들의 태도는 위선적이다. "돈을 버는 것보다 사람이 더 순진하게 일할 수 있는 길은 드물다"는 새뮤얼 존슨의 관찰은 어느 사회에서나 옳다.

물론 돈을 버는 일에서도 진정한 목표를 놓치지 않는 것이 중요하다. 돈이 중요하고 돈을 버는 일이 힘들므로, 자칫하면 돈을 버는 것 자체에 매몰된다. 그래서 돈이 궁극적으로 행복의 한 요소고 삶의 궁극적 목표인 '자식 농사'를 위한 수단이라는 사실을 놓치게 된다. 돈을 벌 때 법과 도덕을 지키는 것은 다른 일들에서와 마찬가지로 중요하다. 우리는 '도덕적 동물'이어서, 법이나 도덕을 어기면서 돈을 버는 일은 삶의 진정한 목표를 훼손하게 된다.

돈을 버는 일만큼이나 중요한 것은 다른 사람들과 잘 어울리는 일이다. 사람들이 사회를 이루어 살고 문명이 발달해서 자연환경의 영향이 많이 줄어들었으므로, 한 사람의 환경은 실질적으로 다른 사람들이다. 그래서 환경에 대한 적응은 다른 사람들과 잘 어울리는 것이 되었다. 둘레 사람들과 좋은 관계를 맺는 일은 이제 생존과 생식에서 결정적 중요성을 지닌다. 돈을 버는 것도 다른 사람들과 좋은 관계를 맺어야 가능하다.

다른 사람들과 좋은 관계를 맺는 일이 중요하다는 것은 모두 절감하지만 무척 힘들다. 서점의 서가를 가득 채운 처세술 책들이 그 점을 유창하게 말해준다.

이 일에서 가장 좋은 길잡이는 "당신이 바라는 것처럼 남에게 하라(Do to others as you would be done by)"는 조언이다. 흔히 '황금률(golden rule)'이라 불리는 이 얘기는 성경 마태복음에 나오는 산상수훈(山上垂訓)의 한 구절 "너희는 남에게서 바라는 대로 남에게 해주어라"가 속화한 것이다.

황금률이라 불린 데서 드러나듯, 그것은 세상을 현명하게 살아가는 지혜를 담았고 그래서 모든 처세의 기법들이 그것 속에 녹아 있다. 어짐(仁)에 관해서 "자기가 바라지 않는 것을 남에게 하지 마라(己所不欲 勿施於人)"고 한 공자의 말씀도 뜻이 같다. 황금률은 원칙의 보편적 형태를 드러냈고, 공자 말씀은 원칙의 실천적 지침을 제시했다.

황금률에 담긴 지혜를 부인할 사람은 없을 터이지만, 그것을 실천하는 일은 무척 힘들다. 누구에게도 나와 남이 똑같을 수는 없다. 게다가 자주 어울리는 사람들은 흔히 실제적 또는 잠재적 경쟁자들이어서, 서로 돕기보다는 서로 시기하고 견제하게 마련이다.

실제로 황금률을 실천하는 데서 가장 큰 장애는 시기심이다. 사회가 발전해서 소득이 크게 높아져도 여전히 많은 사람들이 만족하지 못하는 까닭들 가운데 하나가 바로 그런 시기심이다. 자신의 소득이 높아져도, 동료나 이웃의 소득이 더 높아지면, 우리는 배가 아프게 마련이다.

시기심은 진화의 산물이다. 지금 사람이 지닌 천성이 형성되었던 시기에 사람들은 작은 부족들을 이루어 살았고 부족들을 아우르는 상위 사회는 없었다. 그런 사회에서 개인에게 중요했던 것은 사회의 전반적 복지가 아니라 자신이 사회적 위계에서 차지하는 자리였다. 설령 자기 부족의 생활수준이 다른 부족보다 훨씬 높았다 하더라도, 부족 안에서 자신이 차지하는 지위가 낮으면, 탐나는 배우자를 얻어서 뛰어난 자식을 낳을 수 없었을 터이다. 자연히, 사람의 마음은 자신의 지위와 소득을 다른 사람들의 그것들과 비교해서 판단하도록 다듬어졌다. 자신이 남보다 사회적 지위가 못하다는 것을 발견하면, 우리는 보다 높은 지위로 오르려고 분발한다. 그런 분발을 가능하게 하는 심리적 에너지가 바로 시기심이다.

그러나 지나친 시기심은 모두에게, 특히 당사자에게, 해롭다. 어떤 집단이든지 구성원들 협력을 통해서 목적을 이루고 조직을 유지한다. 지나친 시기심은 이런 협력을 해친다. 따라서 지나친 시기심을 보이는 구성원들은 동료들의 비공식적 따돌림이나 집단의 공식적 제재를 받게 된다.

다행히, 우리에겐 시기심을 줄일 수 있는 본능들도 있다. 비록 이기적 존재지만, 우리 마음엔 다른 사람들을 보살피려는 이타심도 있다. 자식들과 가까운 혈족들을 보살피려는 마음씨는 자연 선택에 의해 보존되어 왔으므로, 보기보다 뿌리가 깊고 언뜻 생각하기보다 훨씬 강력하다. 그런 이타심을 발휘하기 어려운 상황에선, 즉 상대가 아무런 관계가 없는 남인 경우엔, 우리는 합리적 이기심을 통해서 다른 사람과 상호 협조 관계를 맺을 수 있다. 내가 남에게 잘해주면, 나중에 남도 내게 잘해주리라는 기대는 자연스럽고, 실제로 그런 기대는 대부분 충족된다. 그런 상호 협조는 합리적이므로, 사회적 집단을 이루는 동물들에서 흔히 볼 수 있다. 서로 다른 종들 사이에서도 공생의 형태로 나온다. 이처럼 이기주의에 바탕을 둔 이타적 행위들은 '상호적 이타주의(reciprocal altruism)'라 불린다.

1970년대에 미국 정치학자 로버트 액설로드는 컴퓨터의 가상 공간을 이용해서 협력에 관한 실험을 했다. 그는 '죄수의 양난(prisoner's dilemma)'에 대한 전략을, 즉 프로그램이 다른 프로그램과 만날 때마다 협력할까 말까 결정할 때 기준이 될 규칙을, 구체화한 컴퓨터 프로그램을 모집했다. 그리고 그것들이 여러 번 만나도록 했다.

그 경기에서 우승한 프로그램은 '되갚기(TIT FOR TAT)'라는 가장 간단한 프로그램이었다. 이름이 가리키는 것처럼, '되갚기'는

모든 생명체의 목표는 영생이다.

그래서 자식을 낳아 자기 목숨을 끝없이 유지하려 애쓴다.
자식이 삶을 즐기는 것은 부모에겐
자신이 직접 맛보는 원천적 즐거움이다.
그 사실을 깨닫지 못하면 누구도 행복을 찾을 수 없다.

행복을 궁극적 목표로 삼으면,
사람은 궁극적으로 불행해진다.

짙은 쾌락을 맛보지만, 공허감이 따른다.
수단이 목적이 되어, 진정한 목표의 성취에 따르는
만족감을 얻지 못하는 것이다.
행복을 찾는 길은 역설적으로
행복을 궁극적 목표로 삼지 않는 것이다.
대신 행복의 본질을 잘 살펴서,
행복이 봉사하는 궁극적 목표인
'자식 농사'를 잘 짓는 것이다.
지금 세대들은 상상하기 힘든
갖가지 고생을 하면서
평생을 보낸 우리 위 세대들이
자신의 운명에 대해 그리 큰 불평을 하지 않고
견디어낸 것은 바로
그런 사정 덕분이다.

다른 프로그램과의 첫 대면에서 협력한다. 그 뒤엔 상대가 이전의 대면에서 한 대로 한다. 상대가 협력했으면, 자기도 협력하고, 상대가 배신했으면, 자기도 배신한다.

이 전략의 장점은 분명하다. 어떤 프로그램이 협력하려는 성향을 보이면, '되갚기'는 이내 그것과 우호관계를 맺고, 둘 다 협력의 과일들을 누린다. 어떤 프로그램이 속이려는 성향을 드러내면, '되갚기'는 되갚아서 손해를 줄인다. 반면에, 배신의 큰 이익을 추구하는 프로그램들은 경기가 진행될수록 실패하는 경향을 보였다. 다른 프로그램들은 그것들에게 잘 대해주는 것을 포기했고, 그래서 그것들은 배신의 큰 이익들과 상호 협력의 작은 이익들을 함께 잃었다.

비록 앞을 내다보는 능력도 감정도 없지만, '되갚기'의 행동 양식은 사람의 그것과 아주 비슷하다. 따라서 그것은 상호적 이타주의가 자연 선택을 통해서 사회에 퍼지고 사회를 발전시킨 과정을 설득력 있게 보여준다.

액설로드의 실험은 결국 황금률을 지지한다. "남에게 잘해라. 그것이 바로 너 자신에게 잘하는 길이다." 이보다 더 나은 처세의 원칙은 없다. 그리고 그것이 바로 우리가 자식들에게 가르쳐야 할 교훈이다. 액설로드는 충고했다, "너무 약게 행동하지 마라."

우리는 잠재적으로 도덕적인 동물이다. 도덕적 동물이 되는 길을 고르는 것은 우리 몫이다. 우리가 그런 선택을 하는 순간, 우리는 그렇게도 다스리기 어려운 시기심을 다스리고 자신을 스스로 돕기 시작하는 것이다.

이렇게 보면, 우리는 행복해지는 길에 대해서 잘 안다는 것이 드러난다. 우리는 모두 꿈꾼다, 소박하게 살면서 자식 낳아 잘 기르는 삶을. 비록 우리가 그렇게 살지는 못하더라도, 그런 꿈을 가슴 속에 품는 것만으로도 조금은 덜 불행해지지 않을까?

산이 날 에워싸고
씨나 뿌리며 살아라 한다.
밭이나 갈며 살아라 한다.

어느 짧은 산자락에 집을 모아
아들 낳고 딸을 낳고
흙담 안팎에 호박 심고
들찔레처럼 살아라 한다.
쑥대밭처럼 살아라 한다.

산이 날 에워싸고

그믐달처럼 사위어지는 목숨

그믐달처럼 살아라 한다.

그믐달처럼 살아라 한다.

지금 우리는 목월의 「산이 날 에워싸고」에 나온 두 세대 전의 삶으로 돌아갈 수 없다. 그래도 그 시를 때때로 낭송하는 것은 도움이 될 터이다.

자연의 위대함은 늘 우리를 감탄하게 한다.
사람이 힘든 시행착오의 과정을 거쳐
어떤 방안을 찾아내면,

자연이 오래전에 그 방안을 찾아냈다는 것이
바로 드러나곤 한다.

자연의 경이적인 발명은
자연이 긴 세월 동안 갖가지 실험을 통해서
가장 나은 길을 찾아낸 덕분이다.
생명이 처음 지구에 나타난 때부터
흐른 40억 년의 세월은 온갖 실험이
나올 수 있을 만큼 길다.
자연이 그렇게 시행착오 과정을 거쳐
가장 나은 길을 찾는 모습을

우리는 진화라 부른다.

진화의 산물이므로, 정의감은 모든 인류가 공유한다.
모든 사회의 윤리 규범과 모든 종교의 계명이 본질적으로 같다.
우리는 도덕적 '문법'을 공유하고 필요에 따라

도덕률이라는 '글'을 만들어낸다.

작년에 왔던 각설이

골목길 담장 너머로 감들이 탐스럽게 익어간다. 내가 자란 산골에선 과수원이 드물었고 감나무 대추나무가 흔했다. 그래서 감꽃이 피거나 감이 익으면, 어릴 적 생각이 난다. 그 가난했던 시절에 먹었던 소금물에 우린 땡감의 찝찔한 맛은 지금도 그립다.

하긴 이제는 그 시절 것들은 모두 그립다. 통증으로 느껴지던 배고픔까지 세월의 마법에 홀린 듯 그리움의 빛깔을 살짝 입고서 떠오른다. 노래도 그렇다. 그때 뜻도 제대로 모르고 배운 유행가들이 지금도 나의 애창곡들이다. 현인의 「전우야 잘 있거라」, 심연옥의 「한강」, 허민의 「페르샤 왕자」, 박재홍의 「물방아 도는 내력」과 같은 노래들이다.

그 노래들 가운데 특히 아릿한 그리움으로 떠오르는 것은 「각설이 타령」이다. 그때는 각설이들이 많았다. 전쟁에서 다리나 팔을 잃은 상이용사들이 깡통 들고 돌아다니면서 구걸했다. 그리고 보답으로 문간에서 타령을 했다. 대개 둘이나 셋이 한패가 되어 찾아오는데, 아버지께선 그들을 그냥 보내는 법이 없었다. 문간에 서서 안을 기웃거리는 각설이들에게 타령을 해보라 하셨다. 타령을 잘하면, 동냥을 주시면서 재청을 하셨다. 자기들 노래 솜씨를 알아주는 사람을 마침내 만났다는 반가움에 그들은 목청을 가다듬고서 숟가락으로 깡통 밥그릇을 두드리면서 열심히 품바를 해댔다. 그러면 아버지께선 쌀이나 보리를 한 됫박 내미셨다. 그래서 어머니께선 문간에서 「각설이 타령」이 들리면, 질색을 하셨다.

어헐씨구씨구 들어간다

저헐씨구씨구 들어간다

작년에 왔던 각설이

죽지도 않고 또 왔네

각설이라 하지만

이래 봬도 정승판서 자제로

팔도감사를 마다하고

돈 한푼에 팔려서

각설이로 나섰네

「각설이 타령」에서 마음이 유난히 끌리는 부분은 "작년에 왔던 각설이 죽지도 않고 또 왔네"다. 거지에게 동냥을 주는 것은 인정이다. 그래서 밥 한술을 주지만, 없는 살림에 동냥을 하는 것이 흔쾌하기만 한 것은 아니다. 그런 안주인의 미묘한 심사를 잘 알기 때문에, 각설이가 "죽지도 못하고 또 와서 미안하다"는 뜻을 밝히는 것이다.

이처럼 가난한 사람을 도와야 한다는 마음과 자기도 어렵다는 생각 사이의 갈등이 어느 사회에서나 가장 미묘한 부분이다. 이기심과 이타심이 미묘한 균형을 이룬 그 심리 상태가 사회의 본질을 잘 드러낸다.

재산과 도덕, 그리고 본성

사회는 자기 이익만을 챙기고 사회의 유지에는 별 관심이 없는 개체들로 이루어진다. 그래서 모든 사회의 중심적 문제는 응집력의 확보다.

응집력은 구성원들이 사회에 속함으로써 이익을 얻을 때에만 확보될 수 있다. 즉 구성원들이 협력해서 보는 혜택이 개별 이익을 공동 이익에 종속시켜서 치르는 비용보다 커야 한다. 협력을 통해서 개체들이 이익을 얻을 기회는 많다. 그러나 협력 대신 배신을 택하면 훨씬 큰 이익을 얻을 수 있으므로, 배신자들이 나올 가능성은 늘 있다. 따라서 응집력을 확보하는 길은 실제로는 배신을 방지하는 수단을 찾는 것이다.

배신 방지의 원리는 간단하다. 개체들의 궁극적 이익은 자신의 유전자들의 존속이다. 따라서 유전자들이 사회를 통해서만 존속할 수 있도록 해야 한다. 아울러 개체들의 유전적 이익이 공평하게 보장되도록 해야 한다. 이 두 조건들이 충족되면, 사회는 응집력을 확보할 수 있다.

어떤 사회나 유전적 이익이 공평하도록 애쓴다. 유전자의 수준에선, 난자와 정자를 생산할 때 유전자들을 철저하게 뒤섞어서 무작위적 선택을 한다. 세포의 수준에선, 성세포들을 체세포들로부터 분리해서 독립성과 공정성을 확보한다. 개체의 수준에선, 여왕만 생식하도록 해서 독립성과 공정성을 확보한다. 우리는 여기서 새삼 확인한다, 공정한 사회만이 구성원들의 충성심을 확보한다는 사실을.

개미, 벌, 그리고 흰개미는 여왕이 생식을 독점한다. 따라서 다른 개체들은 생식할 수도 없고, 모두 여왕의 자식들이므로 혈연적으로 가까워서 배신할 필요도 없다. 덕분에 그런 종들의 사회는 번창한다.

뇌가 발달해서 지능이 중요해지면, 낯선 개체들이 어울리게 된다. 이런 상황에선 혈연만으로 응집력을 확보하기 어렵다. 대신 협력을 통한 이익의 추구가 응집력을 제공한다. 바로 상호적 이타주의다.

상호적 이타주의를 바탕으로 한 사회에서 배신을 방지하는 수단은 도덕이다. 혈연이 없는 개체들이 협력을 통해 큰 이익을 얻으려면, 서로 믿을 수 있어야 한다. 상대가 배신하지 않아서 협력의 과실이 공정하게 분배된다는 믿음이 있을 때, 비로소 협력이 나온다. 그런 믿음을 제공하는 것이 도덕이다. 풍습이나 법과 같은 사회적 강제는 도덕을 강화하는 장치들에 지나지 않는다.

도덕적 사회에선 배신이 적으므로, 협력이 쉽고 거래 비용이 최소한으로 줄어든다. 당연히, 사회 전체가 번창한다. 도덕이 허약해지면, 웅장한 제국도 흔들린다.

통념과 달리, 도덕심은 재산에 대한 애착에서 비롯했다. 재산은 생명체들만이 만든다. 무생물들은 재산을 만들지 않는다. 재산이 삶에 도움이 되므로, 개체들은 그것을 만든다. 육신과 재산 사이엔 뚜렷한 경계가 없다. 둘은 유기적으로 결합되었다. 그래서 재산은 '확장된 육신'이라 할 수 있다. 당연히, 생명체들은 자신의 재산을 지키려 애쓴다. 동물들이 둥지와 그 둘레의 땅을 자신의 재산으로 여기는 영역성(territoriality)은 전형적이다. 어린애가 맨 먼저 외치는 소리가 "그거 내 꺼!"라는 사실은 사람의 재산에 대한 애착이 본능적임을 보여준다. 모든 사회가 도둑질을 무겁게 벌한다는 사실은 재산에 대한 존중이 우리의 천성임을 증언한다. 재산은 생존에만 필요한 것이 아니다. 사람이 자신의 정체성을 얻고 다른 사람들과 사귀는 데도 재산은 필수적이다. 사람은 '자기 것'을 통해서 자신의 정체성을 만들어낸다. 어린애들이 닳은 담요나 너덜너덜해진 인형에 큰 애착을 지니는 것은 그것들이 자신의 정체성의 한 부분이기 때문이다. 실제로, 이스라엘의 키부츠에서 되도록 많은 것들을 공유하라고 배운 청소년들은 다른 사람들과 사귀는 데 애를 먹는다 한다.

재산이 그리도 중요하므로, 그것에 대한 권리인 재산권은 가장 근본적인 제도다. 사회철학은 본질적으로 재산권에 관한 이론들이고 사회체제들은 재산권의 모습이 구체화된 것이다.

거의 모든 사회에서 재산권의 바탕은 재산의 형성에 대한 공헌이다. 어떤 재산을 만드는 데 공헌한 사람들이 공헌의 정도에 따라 그것에 대한 권리를 갖는다. 이 기준은 더할 나위 없이 자연스럽고 합리적이어서, 우리는 다른 기준을 생각해낼 수 없다.

공산주의도 실은 이 기준을 따르니, 마르크스를 비롯한 모든 사회주의 사상가들은 재산권이 재화를 생산한 노동자들에게 귀속되어야 한다고 주장했다. 재산을 공동으로 소유한다고 여겨지는 원시 사회에서도 이 기준은 지켜진다. 사냥에서 짐승을 잡은 사람이 그 고기의 좋은 부분을 먼저 차지하고 나머지를 다른 사람들에게 나누어준다. 동물들도 그러하니, 자기가 지은 둥지는 자기 것이고 남이 지은 둥지는 남의 것이다.

당연히, 재산권에 대한 침해는 거센 분개를 부른다. 사람은 특히 격렬하게 반응한다. 동물들의 영역성엔 한계가 있지만, 사람은 애국심이라는 형태로 영역성을 극대화한다.

재산권의 침해에 대한 이런 분개가 정의감의 원초적 형태다. 자기가 힘들여 마련한 재산을 남이 차지하는 것은 이 세상의 이치에 어긋난다고 우리는 느낀다. 그렇게 거센 감정의 도움을 받아, 우리는 우리 재산을 노리는 사람들을 어렵지 않게 물리친다.

사람들은 흔히 자본주의는 효율적이지만
정의롭지는 않다고 말한다.
그래서 자본주의의 바람직하지 않은 모습을
바꿔야 한다고 주장한다.
그런 얘기를 들을 때, 우리는 물어야 한다,

"정의롭지 않은 사회가
어떻게 효율적일 수 있을까?"

재산은 생명체만이 만든다.
무생물은 재산을 만들지 않는다.
재산이 삶에 도움이 되므로,
개체들은 그것을 만든다.
육신과 재산 사이엔 뚜렷한 경계가 없다.
둘은 유기적으로 결합되었다.
그래서 재산은 '확장된 육신'이라 할 수 있다.
당연히, 생명체는 자신의 재산을 지키려 애쓴다.
동물이 둥지와 그 둘레의 땅을
자신의 재산으로 여기는
영역성은 전형적이다.
어린애가 맨 먼저 외치는 소리가
"그거 내 꺼!"라는 사실은
사람의 재산에 대한 애착이 본능적임을 보여준다.

모든 사회가 도둑질을 무겁게 벌한다는 사실은
재산에 대한 존중이
우리의 천성임을 증언한다.

정의감은 인간 진화의 증거다

다른 고등 동물들도 이런 원초적 정의감을 보인다. 예컨대, 원숭이들은 자신이 동료들보다 나쁜 대우를 받으면 분개한다. 그러나 세련된 정의감을 지닌 사람과는 달리, 그들은 다른 원숭이가 차별 대우를 받는 것엔 마음을 쓰지 않는다.

상호적 이타주의가 혈연을 보완하는 원리가 되자, 정의감은 더욱 강렬해졌고 배신에 대한 응징은 더욱 엄해졌다. 배신하는 사람들은 재산권을 해치는 존재가 되었고 사회의 강력한 제재를 받았다. 아울러 정의감은 훨씬 세련된 모습으로 진화했다. '나를 부당하게 대우하는 것은 참을 수 없다'는 수준을 넘어 '모든 사람들이 공평한 대접을 받아야 한다'는 모습으로 다듬어졌고, 그런 정의감은 상호적 이타주의를 더욱 확고하게 만들었다.

이처럼 재산에 대한 애착에서 비롯한 정의감이 도덕심의 핵심이다. 어려운 도덕적 문제에 부딪치면, 우리는 바로 '무엇이 정의로운가?'라고 묻는다. 정의롭지 않은 도덕심이나 도덕률을 우리는 상상할 수 없다.

진화의 산물이므로, 정의감은 모든 인류가 공유한다. 모든 사회의 윤리 규범과 모든 종교의 계명이 본질적으로 같다. 우리는 도덕적 '문법'을 공유하고 필요에 따라 도덕률이라는 '글'을 만들어낸다.

자본주의는 재산의 형성에 공헌한 사람들에게 재산권이 주어지는 체제다. 따라서 자연스럽고 정의롭다. 사람들은 흔히 자본주의는 효율적이지만 정의롭지는 않다고 말한다. 그래서 자본주의의 바람직하지 않은 모습을 바꿔야 한다고 주장한다. 그런 얘기를 들을 때, 우리는 물어야 한다, "정의롭지 않은 사회가 어떻게 효율적일 수 있을까?"

자본주의를 수술하려는 시도들은 많았지만, 그런 시도들이 만든 사회들은 한결같이 정의롭지도 못하고 효율적이지도 않은 것으로 판명되었다. 재산권을 보장하지 못하면, 정의도 자아의 실현도 효율도 기대할 수 없다.

여기서 주목할 점은 도덕이란 개념이 자본주의 사회와 전체주의 사회에서 다른 뜻으로 쓰인다는 사실이다. 자본주의 사회에서 도덕은 객관적으로 존재한다. 우리의 정의감에 바탕을 두고 도덕률과 법이 만들어진다. 도덕률과 법에 어긋나지 않는 한, 다른 사람들의 간섭을 받지 않고 자신이 마련한 재산을 자신이 원하는 목적에 쓸 수 있다.

전체주의 사회에선 지도자가 제시한 사회적 목표에 모든 자원이 동원된다. 개인의 재산권은 있을 수 없다. 자연히, 도덕의 성격이 바뀐다. 지도자가 제시한 목표에 도움이 되면, 어떤 행위든 도덕적이고, 도움이 되지 않으면, 부도덕하다. 도덕이 객관성을 잃은 것이다.

그래서 전체주의 사회에선 객관적 도덕에 바탕을 둔 '절차적 안정성'이 없다. 어제의 영웅이 오늘의 역적이 되고 작년의 진리가 금년엔 허위가 된다. 객관적 도덕이 없으니, 지도자의 행위는 모두 정당화된다. 전체주의 사회를 장악한 지도자들이 예외 없이 황음무도해지고 사회주의 혁명을 기도한다는 세력이 으레 부도덕한 집단으로 타락하는 것은 바로 그런 사정 때문이다.

도덕은 우리의 행동을 인도하고 제약하지만, 다른 편으로는, 우리가 자신의 인격을 세우는 바탕이기도 하다. 우리는 도덕이 요구하는 것을 훌쩍 넘어 자신의 천성에 담긴 가능성을 펼칠 수 있다. 호세 오르테가 이 가세트의 말대로, "산다는 것은 우리가 숙명적으로 우리의 자유를 행사할 책임이 있음을 느끼는 것, 우리가 이 세상에서 무엇이 될까 결정하는 것"이다. 도덕은 우리에게 도덕을 넘는 것을, 이해와 공감과 연민을 요구하지 않는다. 그러나 우리는 스스로 다른 사람들을 이해하고 그들의 생각에 공감하고 그들의 처지에 연민을 느끼는 존재가 될 수 있다. 우리는 그런 뜻에서 자유롭다. 그런 자유가 우리를 인간으로 만든다.

다이앤 와코스키의 「경마장에 더는 못 갈 사람을 대신해서 2달러를 걸면서(Placing a $2 Bet for a Man Who Will Never Go to the Horse Races Any More)」는 그 점을 잔잔히 일러준다.

슬픔과 슬퍼함에는
어떤 아름다움이 있다,
어쩌면 아름다움은 아닐지도
어쩌면 위엄이
나은 말일지도 모른다
그저 몸이 가리키는 것들을
　　먹을 것
　　입을 것
　　비바람을 막을 곳을 넘어
삶을
말해주므로.
그것은 오래가는 것이 아니다.
그것은 빠르게 바뀐다
우울, 미움, 원망,

짐이 되는 무기력으로

때로는 다른 이들에 대한 냉혹함으로;

그러나 갑자기 뉴욕 시 공원을 나르는

열대에서 온

새빨간 새처럼,

그리도 예기되지 않았고,

그리도 설명하기 힘든,

거기,

둘레의 것들과 다른.

칼리엔테,

멕시코 티후아나의

가난한 사람들의 경마장,

내가 14년 동안 헤어진 뒤

늙은 은퇴한 선원인

내 친부를 만나서

도박의 진정한 즐거움은

어떻게 돈을 잃는가 아는 것임을

배운 곳.

아버지,

나 지금 아버지 대신 돈을 걸어요

이제 아버지는 돌아가셨고

나는 아직 살았으니까.

“내가 사랑하는 사람”이란 말에 걸어요.

노름꾼들은 감상적이니

아버지는 나를 용서할 거예요

지금 살아서

내 사랑을 함부로 주어버리는 나를.

따든 잃든

아버지는 매일 경마에 거셨죠.

나는 바라요

어떤 정신을

아버지가 내게 넘겨주었기를.

There is some beauty in sorrow

and in sorrowing,

perhaps not beauty

perhaps dignity

would be a better word

which communicates

life

beyond just what the body indicates

food

clothing

shelter.

It is nothing that lasts.

It quickly turns into gloom, hate, resentment,

a burdening apathy

sometimes severity towards others;

but like a scarlet bird

from the tropics

suddenly seen flying in a NewYorkCitypark,

so unexpected,

so unexplainable,

there,

different from its surroundings.

Caliente,

the poor man's race track,

in Tijuana, Mexico,

where I met my real father,

an old retired sailor

after 14years of separation

and learned that the real pleasures of gambling

are knowing how

to lose.

Old man,

I place a bet for you

now that you're dead

and I am still living.

It is on a horse called, "The Man I love."

Gamblers are sentimental

so you will forgive me

living now

and giving away my love.

Win or lose

you placed the races every day.

A certain spirit

I hope

you've passed on to me.

혼자 떠돌아다니다 열네 해 만에 찾아온 딸을 데리고 겨우 경마장에서 가서 돈을 잃고 애써 우아한 모습을 보이려 애쓴 아버지, 날마다 경마에 돈을 건 아버지의 끈기를 자신이 물려받았기를 바라는 딸. 그 모습은 도덕의 울타리를 기어올라가 파란 하늘 속에서 문득 작은 꽃을 수줍게 피어 올린 울콩 같다.

도덕은 우리의 행동을 인도하고 제약하지만,
다른 편으로는,
우리가 자신의 인격을 세우는 바탕이기도 하다.
우리는 도덕이 요구하는 것을 훌쩍 넘어
자신의 천성에 담긴 가능성을 펼칠 수 있다.
호세 오르테가 이 가세트의 말대로,
"산다는 것은 우리가 숙명적으로 우리의 자유를
행사할 책임이 있음을 느끼는 것,
우리가 이 세상에서 무엇이 될까 결정하는 것"이다.
도덕은 우리에게 도덕을 넘는 것을,
이해와 공감과 연민을 요구하지 않는다.
그러나 우리는 스스로 다른 사람들을 이해하고
그들의 생각에 공감하고
그들의 처지에 연민을 느끼는 존재가 될 수 있다.

우리는 그런 뜻에서 자유롭다.
그런 자유가 우리를 인간으로 만든다.

생명체가 지닌 지식은 셋으로 나뉜다.
유전자 속에 든 지식은 본능이다.
뇌에 든 지식은 지능이다.

사회에 퍼진 지식은 문화다.

얼굴과 거리들을 내게 주시오

창 밖으로 스치는 풍경이 넉넉하다. 가을은 빠르게 지나가지만 겨울의 기척은 아직 들리지 않는 절기, 가을걷이 끝난 들판은 햇살 아래 한가롭다. 열차에서 내려 무작정 들판을 걷고 싶은 충동이 인다. 언젠가는 내가 자라난 곳과 비슷한 시골로 돌아가서 살겠다는 꿈이 마음 한구석에 남아 있었음을 새삼 깨닫는다.

그런 꿈을 실제로 이루겠다고 시골로 돌아가는 사람이 늘었다고 한다. 전에는 시골로 내려가서 농사를 짓는 귀농이 주류였지만, 요즈음엔 그저 시골로 가서 사는 귀촌도 많다는 얘기다.

가슴에 아쉬움의 잔물결이 인다. 원시 시대에 다듬어진 우리 마음은 늘 그때 환경과 비슷한 시골을 그리워한다. 높은 건물과 포장된 도로가 들어선 도심 풍경은 우리 마음에 너무 낯설다.

서울이 좋다지만 나는야 싫어
흐르는 시냇가에 다리를 놓고
고향을 잃은 길손 건너게 하며
봄이면 버들피리 꺾어 불면서
물방아 도는 역사 알아보련다

속으로 박재홍의 「물레방아 도는 내력」을 불러본다. 6.25전쟁이 끝나고 젊은이들이 도회로 떠나던 시절, 농촌을 지키던 사람들의 마음을 대변해서 인기를 누렸던 노래다.

그러나 우리는 시골로 돌아갈 수 없다. 문화의 진화는 되돌릴 수 없어서, 한번 도시화가 이루어지면, 사람들은 다시 농촌 사회로 돌아갈 수 없다. 더러 시골에서 근교농업이나 관광과 같은 분야에 종사할 수 있지만, 많은 사람이 그렇게 할 수는 없다. 도시를 떠나 한적한 곳에서 작은 공동체를 이루어 소박하게 사는 것을 이상으로 삼는 사람도 적지 않지만, 막상 현실을 들여다보면, 시골의 삶이 그런 이상과는 거리가 멀다는 것이 드러난다.

근본적 문제는 시골의 낮은 생산성이다. 도시의 삶이 각박한데도 사람이 도시로 몰리는 까닭은 도시의 높은 생산성 때문이다. 도시 사람들은 시골 사람들보다 훨씬 많은 정보를 생산하고 교환하면서 살아간다. 그래서 도시 사람들은 기술을 향상시켜서 일자리들을 만들어냈고 새로운 사회 조직을 실험했다. 거기서 나온 사회적 풍요는 예술과 교양의 토양이 되었다. 영국 시인 윌리엄 쿠퍼의 "신은 시골을 만들었고, 사람은 도시를 만들었다(God made the country, and man made the town)"는 구절엔 보기보다 큰 진실이 담겼다.

고대 문명은 실질적으로 큰 도시들이 나타난 '도시 혁명'과 함께 나왔다. 그 뒤로 도시화는 꾸준히 이어졌고 현대 문명에선 급격히 가속되었다. 특히 산업 혁명은 도시화에 큰 운동량을 주어서, 1900년에는 세계 인구의 13퍼센트가 도시에서 살게 되었다. 지금은 50퍼센트가 도시에서 산다.

시골에서 공동체를 이루려는 시도들은 늘 나왔지만, 수도원이나 절같은 종교적 공동체를 빼놓고는, 성공한 적이 없다. 나는 스스로를 '꽃 아이들(flower children)'이라 부르고 흔히 '히피'라 불린 미국 젊은이들과 같은 세대에 속한다. 히피 공동체는 지금까지 나온 공동체 운동 가운데 가장 대담했고 가장 성공적이었지만,

그래도 결국 실패했다. 그런 공동체는 스스로 생산하는 것은 아주 적고 삶에 필요한 물자와 정보는 거의 다 외부에서 조달되었다. 그래서 구성원들이 지닌 돈이 떨어지고 송금이 끊기면, 모두 옛집과 직장으로 돌아갔다.

대담한 진화, 상상력, 인공지능

삶의 한 부분인지라, 문화도 진화한다. 그래서 문화는 늘 높은 생산성을 지향한다. 소박한 삶을 그리며 도시 문화에 적대적인 사람들이 놓치는 것이 바로 그 점이다. 근본적 수준에서 정의하면, 문화는 "정보의 비유전적 전달(non-genetic transmission of information)"이다. 부모에게서 자식에게로 유전자들을 통해 전달되는 정보를 빼놓고, 후천적으로 개인이 얻는 정보는 모두 문화라는 얘기다. 유전과 문화는 정보의 전달이라는 점에서 본질적 연관이 있다.

유기체들의 진화나 문화의 진화나 원리는 같다. 유기체의 환경은 자연과 다른 개체들로 이루어진 사회다. 문화의 환경은 동물의 뇌다. 어떤 동물의 뇌에 잘 적응한 문화 요소는 살아남고 그렇지 못한 것은 밀려난다. 자연히, 문화를 지닌 종에선 진화가 유전적 요인만이 아니라 문화적 요인에 의해서도 이루어진다. 실은 유전자와 문화는 떼어놓기 어려울 정도로 연결된다. 이러한 '유전자-문화 공진화(gene-culture co-evolution)'는 물론 사람의 경우에 단연 두드러진다.

유전적 진화는 세대마다 유전자가 조금씩 바뀌어서 이루어진다. 따라서 일방적이고 아주 느리다. 반면에, 문화적 진화는 모든 사람들이 서로 영향을 미치고 빠르다. 사람들에게서 환영받는 문화적 요소는 순식간에 온 세계로 퍼진다. 사정이 그러하므로, 현대 인류 사회의 진화에선 문화적 진화가 유전적 진화를 압도하며 앞으로는 더욱 그럴 것이다.

인류 문화의 진화에서 결정적 요소는 언어의 발명이었다. 다른 종들도 나름으로 정보를 교환하는 수단을 지녔고 그런 수단은 원초적 언어라 할 수 있다. 그러나 사람만이 정교한 언어를 발명했고 덕분에 인류가 지구 생태계에서 지배적 자리를 차지했다.

인류 언어에서 가장 먼저 나온 것은 손짓과 몸짓으로 뜻을 전달하는 신호 언어였다. 이어 목청을 이용한 음성 언어가 나왔다. 마침내 문자 언어가 나와서 정보들을 몸 밖에 저장할 수 있게 되었다. 신호 언어는 200만 년 이전에 나왔다. 음성 언어는 몇 십만 년 전에 나왔고 문자 언어는 몇 천 년 전에 나왔다. 그래서 우리는 누가 가르쳐주지 않아도 신호 언어를 자연스럽고 유창하게 쓴다. 그러나 음성 언어를 배우는 데는 힘이 들고 글을 쓰는 것은 열심히 공부해도 무척 어렵다.

20세기 중엽에 언어에 버금가는 혁명적 발명인 인공지능이 나와서 문화의 진화에 큰 운동량을 더했다. 컴퓨터가 처음 쓰인 것은 제2차 세계대전이었고 인공지능이란 말이 나온 것은 1956년인데, 반 세기가 좀 넘는 동안, 인류 사회의 성격은 근본적으로 바뀌었다.

생명체가 지닌 지식은 셋으로 나뉜다. 유전자 속에 든 지식은 본능이다. 뇌에 든 지식은 지능이다. 사회에 퍼진 지식은 문화다. 인간은 다른 종보다 지능과 문화에서 뛰어나다. 인공지능은 인간의 지능이 만든 기술이지만, 말 그대로, 인간의 지능을 보강한다. 그래서 컴퓨터와 인터넷으로 이루어진 인공지능은 인간의 근육을 보강하는 종래의 기술과 본질적으로 다르다.

인공지능의 도움을 받는 21세기의 개인은 19세기의 국가보다 큰 정보처리 능력을 지녔다. 지금 최신형 휴대전화의 정보처리 능력은 1969년 NASA가 아폴로 11호를 달에 보낼 때 갖추었던 것보다 낫다. 생명의 본질이 정보처리이므로, 정보처리 능력에서의 이런 혁명적 발전은 우리의 삶의 모습을 근본적 수준에서 바꿀 수밖에 없다.

여기서 주목할 점은, 지능과 달리, 인공지능은 진화에서 한계가 없다는 사실이다. 우리 뇌의 크기는 이미 생존에 필요한 수준을 훌쩍 넘었다. 사람의 뇌는 다른 유인원 종의 뇌보다 3배가량 크고, 유인원의 뇌는 계통적으로 아주 가까운 원숭이의 뇌보다 3배가량 크다. 즉 사람은 생존에 필요한 것보다 9배가량 큰 뇌를 지녔다. 뇌가 그리 커지다보니, 출산이 힘들고 위험하다.

반면에, 인공지능의 물질적 바탕인 컴퓨터의 용량엔 제한이 없고 빠르게 커질 수 있다. 용량이 커지면, 당연히 질적변화가 나오게 마련이다.

지금 컴퓨터 프로그램들은 스스로 배운다. 사람이 이용할 수 있는 것보다 엄청나게 많은 자료를 바탕으로 수많은 해법을 생각해내고 그것을 모두 시험해보아 가장 성공적인 것을 찾아내는 방식으로 어려운 문제를 풀어나간다. 생명이 진화하는 방식을, 즉 변이들을 생산하고, 환경에 적용해서 맞는 것을 골라낸 다음, 그것들을 재생산해서 퍼뜨리는 방식을 따르는 것이다. 이제 전문가 체계(expert system)라 불리는 그런 컴퓨터 프로그램들은 모든 분야에서 인간 전문가들을 돕는다.

인공지능이 모든 면에서 사람의 지능을 앞지르는 시점이 오

유전적 진화는 세대마다
유전자가 조금씩 바뀌어서 이루어진다.
따라서 일방적이고 아주 느리다.
반면에, 문화적 진화는
모든 사람들이 서로 영향을 미치고 빠르다.
사람들에게서 환영받는 문화적 요소는
순식간에 온 세계로 퍼진다.

현대 인류 사회의 진화에선
문화적 진화가 유전적 진화를 압도하며
앞으로는 더욱 그럴 것이다.

리라는 점에 대해선 대부분의 전문가가 동의한다. 그런 초지능(super-intelligence)이 나오면, 그 뒤의 상황은 인간이 예측하기 어렵다. 그래서 미국 과학소설가 버너 빈지는 초지능의 출현을 기술적 특이점(technological singularity)이라 불렀다. 인류가 생각해내고 의지해온 규칙들이 적용되지 않는다는 얘기다.

초지능의 출현과 기술적 특이점의 도래는 인류에게 실존적 성찰을 요구한다. 그렇게 뛰어난 지능이 과연 인류에게 호의적일까? 인류가 지금 생태계에서 누리는 우월적 지위를 계속 누리도록 할까? 전문가들이 초지능의 출현 시점을 대체로 2040년 즈음으로 잡는 지금, 그런 물음은 결코 한가롭지 않다.

그래도 보통 사람에게 초지능에 관한 성찰은 너무 추상적인 얘기로 다가올 것이다. 당장 절실한 것은 인공지능의 가파른 발전이 불러온 변화에 적응하는 일이다. 본질적으로 지능과 같으므로, 인공지능은 모든 다른 기술들에 작용한다. 그래서 기계들은 점점 자율적이 된다. 첨단 공장은 거의 다 스스로 움직이고 사람의 개입이 필요한 경우는 드물다. 이제는 스스로 움직이는 항공기(drone), 자동차(driverless car), 배(ghost ship)가 나타났다. 자율적 기계들이 연결되어 움직이면, 지금 큰 관심을 끄는 '사물 인터넷'이 실현된다.

인공지능에 의해 가속화되는 인류 문명

인공지능은 물건을 만드는 '물리적 기술'에만 작용하는 것이 아니다. 사회를 조직하는 '사회적 기술'에도 혁명적 변화를 불러왔다. 복잡하고 예측하기 어려운 상황을 컴퓨터 프로그램으로 재현해서 살피는 '시뮬레이션'은 보다 현실적이고 정교한 제도와 정책을 가능하게 한다. 휴대전화와 같은 기기를 통해 수집된 자료들은 사람의 행태에 관한 정보를 실시간으로 제공해서 예측의 정확성을 크게 높인다. 덕분에 갖가지 시장 설계(market design)가 가능해져서 사회를 풍요롭게 만든다.

인공지능의 발전은 당연히 현대 사회에서 여러 가지 중요한 여러 변화들을 불렀다. 무엇보다도, 정보비용이 실질적으로 사라졌다. 교통도 빠르고 편리하고 값싸졌다. 자연히, 온 세계가 문화적으로나 경제적으로 하나의 범지구적 시장으로 통합되어간다. 그래서 문화의 진화는 점점 가속되고 인류 문명의 모습은 점점 빠르게 바뀐다.

이런 사회적 변화들은 기업 환경을 근본적으로 바꾸었다. '짝찾아주기(match-making)' 기술의 발전으로 새로운 영업 형태가 가능해졌다. 예컨대, 수요와 공급이 아주 작은 품목이 거래되는

'긴 꼬리(long tail)' 시장이 나타났다. 여행객과 잠자리를 제공하는 가정을 맺어주는 사업이나 택시 운전자와 승객을 맺어주는 사업은 이미 크게 성공했다. 창업 비용은 점점 낮아진다. 범지구적 시장이 나오면서, 지리적 제약은 줄어들어 성공적 기업들은 아주 빠르게 성장한다. 애플이나 삼성전자의 성공은 전형적이다. 판을 흔드는 기술(disruptive technology)이 점점 많아지면서, 앞선 기업의 선점 효과가 점점 짧아진다. 그래서 승자가 이익을 거의 독식하는 현상(winner-take-almost-all)이 점점 뚜렷해진다. 이제는 소비자들의 욕구를, 흔히 소비자 자신도 모르는 욕구를 (휴대전화가 나오기 전에 누가 그것을 욕구했는가?) 효율적으로 충족시킬 길을 먼저 생각해낸 사람들이 성공적 기업을 세운다.

이런 변화들은 사회가 유동적으로 되면서 나온 현상이다. 그리고 사회의 유동성을 늘리는 데 기여한다. 인공지능의 가파른 발전은 사회의 유동성을 점점 늘릴 것이다. 사회의 유동성이 늘어난다는 것은 개인들의 활동이 활발해진다는 얘기다. 유동성의 원뜻이 바로 그것이다. 유체는 고체보다 분자들의 활동이 활발하다.

사회의 유동성이 커진다는 사실은 개인들의 선택이 늘어난다는 것을 뜻한다. 신분과 관습의 제약이 많이 사라지고, 정보비용이 실질적으로 사라지고, 빠르고 싼 교통수단이 나오고, 짝 찾아주기 기술이 발전하면서, 보통 사람들도 사회적·지리적 제약에서 벗어나 거의 모든 일에서 자신의 필요와 취향에 맞춰 선택할 수 있게 되었다. 직업과 직장과 의식주를 포함한 모든 일에서 그런 선택이 가능해진 것이다. 그런 선택의 가능한 조합은 작은 집단의 경우에도 천문학적 수준에 이른다. 덕분에 시장경제는 점점 원숙해진다.

이처럼 문화의 진화가 가속되는 상황에선 개인이든 기업이든 미래를 예측하기가 점점 힘들어진다. 환경이 거의 변하지 않았던 원시 시대에 형성된 터라, 우리의 마음은 그런 변화를 상상하기 힘들다. 어느 사회에서나 부족한 자산은 상상력이다. 젊은이들에게 그저 안정된 직업을 갖는 것이 가장 중요한 일이라고 가르치는 사회에선 특히 그렇다. 지금 미래를 예측하는 일에서 결정적으로 중요한 것은 대담한 상상력이다.

앞으로 도시들은 점점 커지고 거기 깃든 문화는 점점 풍요로워질 것이다. 비록 원시 시대에 갇힌 우리 마음이야 늘 시골의 소박한 삶을 그리워하겠지만, 인류가 지향하는 것이 도심의 활기찬 삶임은 분명하다.

열차는 달리고 풍경은 밀려온다. 도시에 바친 휘트먼의 예언적 송가를 뇌어본다.

내게 얼굴들과 거리들을 주시오— 내게 보도를 걷는

쉼 없고 끝없는 이 유령들을 주시오!

내게 끝없을 눈길들을 주시오— 내게 여인들을 주시오—

내게 동료들과 연인들을 천 명씩 주시오!

내가 날마다 새로운 이들을 보도록 하시오— 내가 날마다

새로운 이들을 손잡도록 하시오!

내게 그런 광경들을 주시오— 내게 맨해튼의 거리들을 주시오!

내게 군인들이 행진하는 브로드웨이를 주시오— 내게

트럼펫들과 북들의 소리를 주시오!

(중대들이나 연대들을 이룬 군인들—어떤 부대들은

상기되어 겁 없이 출발하고,

어떤 부대들은 기한이 되어, 젊지만 매우 늙고, 지쳐서, 아무것도

보지 못한 채, 행진하면서, 줄어든 병력으로 돌아오고;)

내게 검은 배들로 가득 둘러진 해안들과 부두들을 주시오!

오 내겐 그런 것들! 오 넘치도록 가득하고 다양한, 강렬한 삶.

Give me faces and streets-give me these phantoms

incessant and endless along the trottoirs!

Give me interminable eyes-give me women-give me

comrades and lovers by the thousand!

Let me see new ones every day-let me hold new ones

by the hand every day!

Give me such shows-give me the streets of Manhattan!

Give me Broadway, with the soldiers marching-give me

the sound of the trumpets and drums!

(The soldiers in companies or regiments-some starting

away, flush'd and reckless,

Some, their time up, returning with thinn'd ranks, young,

yet very old, worn, marching, noticing nothing;)

Give me the shores and wharves heavy-fringed with

black ships!

O such for me! O an intense life, full to repletion and

varied.

누구에게나 우주의 중심은 자신이다.
그러나 우리 몸이 자식들을 통해서 재생한다는 사실은
우리가 실은 아득한 선조로부터 시간적 한도 없이 이어질

생명의 줄기가
잠시 취한 모습일 따름임을 일깨워준다.

석탄 부대 성운을 넘는 용감한 선장을

잎새들을 떨구어 성기어진 나무들 사이로 드러난 뒷산길이 나를 부르는 듯하다. 함께 떠나자고. 모르는 세상이 기다린다고. 젊었을 적에 호되게 앓았던 방랑벽이 마음속에서 고개를 쳐든다.

나는 나그네로 왔네,

나는 나그네로 떠나네.

많은 꽃 목걸이들을

오월은 내게 주었지.

처녀는 사랑을 얘기했고,

그녀 어머니는 결혼까지 -

이제 세상은 이리도 음울하고,

길은 눈을 수의처럼 입었네.

슈베르트의 「겨울 여행」의 첫 노래가 떠오른다. 머물기 어려울 때는 나그네가 되어야 한다. 슬픔을 맛보는 것이 젊은이들만은 아니지만, 젊은이들은 훌쩍 떠날 수 있다. 나이가 들면, 그저 마음속으로만 떠난다.

요절한 독일 시인 빌헬름 뮐러가 「아름다운 물방앗간 아가씨」와 「겨울 여행」을 썼던 19세기 초엽만 하더라도, 사람들은 집을 나서면 나그네가 되었다. 지금은 나그네가 되기 어려운 세상이다. 나그네는 오늘 밤 어디서 묵을지 모르는 사람이다. 힘든 길을 가면서 추위와 굶주림을 겪는 사람이다. 지금은 길을 나서도, 그런 궁핍은 겪지 않는다. 잘 짜인 일정에 따라 모든 것들이 시간 단위로 예약된다. 여행자는 있어도 나그네는 없는 세상이다. 하긴 지금은 작별도 없고 편지도 사라진 세상이다.

고대와 중세에 나그네들이 겪은 고생과 위험은 누구도 바라지 않는다. 그래도 어쩐지 무엇을 잃은 듯한 느낌이 든다. 촘촘히 짜인 일상에서 훌쩍 벗어나 낯선 땅을 떠돌고 싶은 충동을 느끼는 사람이 어찌 한둘이랴.

우리 넋은 늘 새로움을 찾는다. 미지의 대륙에서 만나는 모험과 낭만을 찾는다. 그것이 삶의 기운이다. 새로운 변경으로 뻗지 못한다면, 삶의 기운은 위축되고 시든다.

근대 유럽 사람들에겐 아메리카가, 특히 미국이, 새로운 변경이었다. 1492년 10월 12일 콜럼버스의 선단이 바하마에 닿았을 때 열린 그 변경은 1869년 5월 10일 미국의 대륙횡단철도에 마지막 대못이 박히면서 닫혔다. 하나의 변경이 닫히면, 하나의 시대가 끝난다. 그리고 사람들은 사라진 변경을 그리워하게 된다.

이제 역마살이 낀 넋들이 떠돌 곳은 없다. 먼 대륙의 오지도 다 사람의 발길이 찾는다. 히말라야에서 남극까지, 혹독한 기후에도 안락하게 여행할 수 있다. 안락한 것을 굳이 피해서 일부러 고생하는 것엔 진정한 방랑과 모험의 후광이 어리지 않는다.

'마지막 변경'이라고 불리는 지구의 바깥

우리나라에도 변경이 있었다. 두 세대 전 "우리도 한번 잘살아보세"라는 절실한 구호를 외치면서, 우리는 해외로 진출했다. 일

거리가 있는 곳이면 어느 곳이든, 뜨거운 사막이든 유럽의 깊은 탄광이든 파도 거친 원양이든, 우리 젊은이들의 변경이었다. 그렇게 변경을 개척하면서, 그들은 우리 경제를 발전시켰다. 우리 시민들의 소득이 차츰 늘어나면서, 그 변경은 어느 사이엔가 사라졌다. 지금 우리 사회의 부진은 새로운 변경을 찾지 못한 데서 나온 현상일지도 모른다.

등성이를 돌아간 산길을 아쉬운 마음으로 내다보는 사이에 어스름이 짙어졌다. 저무는 하늘에 별이 하나 보이는 듯하다. 그렇지, 별이 있지. 고개를 끄덕인다. 침침해진 눈에 들어왔다 사라졌다는 하는 별이 손짓하는 외계—거기 아득한 변경이 있다. 아무리 애써도 결코 정복할 수 없는 세상, 그래서 '마지막 변경'이라 불리는 외계가 있다. 아무리 많은 사람들이 모여서 찾아가도, 광막한 외계에선 나그네일 수밖에 없다.

답답하던 마음이 좀 풀린다. '인류가 결코 정복할 수 없는 변경이 존재한다는 사실이 다행스럽게 느껴질 때도 있다니…….' 가벼운 탄식이 나온다. 젊었을 적엔 우주의 광막함이 늘 내 마음을 압도했었다. 나이가 들면, 바뀌는 것들이 많다.

인류는 외계로 뻗어나갈 것이다. 그것만큼은 확실하다. 20세기 초엽에 분사 우주선을 이용해서 외계로 진출하는 방안을 처음 생각해낸 러시아 과학자 콘스탄틴 치올콥스키(Konstantin Tsiolkovksy)의 말대로, "지구는 인류의 요람이다. 그러나 사람이 요람에 머물 수는 없다." 어떤 장애들이 가로 막아도, 어떤 실패를 겪어도, 인류는 외계로 뻗어나갈 것이다. 그것이 인류의 숙명이다. 언젠가 기술이 충분히 발전하면, 대담하고 강인한 사람들은 외계로 나아갈 것이다.

우리가 외계로 나아가지 못한다면, 우리는 우리에게 주어진 가장 중요한 책무를 버리는 것이다. 지구 생태계는 태양 덕분에 생겨났고 생존한다. 우리가 쓰는 에너지는, 원자력, 지열 및 달의 조석력을 빼놓으면, 궁극적으로 태양에서 온다. 태양은 아주 오래되고 늘 그대로 있지만, 실은 태양도 유한한 존재다. 태양은 이미 나이가 든 별이다. 그래서 내부의 핵 융합으로 생성된 에너지들을 방출하면서, 점점 속이 빌 것이다. 마침내 자체 중력이 임계치 아래로 줄어들면, 태양은 팽창하기 시작할 것이다. 이른바 적색 거성이 되는 것이다. 그렇게 되면, 지구는 타서 없어질 것이고 태양계는 생물들이 살기 어려운 곳으로 될 것이다. 그런 일은 아득한 세월 뒤에 나오겠지만, 궁극적으로 우리가 태양계를 떠나 다른 별들로 이주하는 것은 필연적이다. 그것이 지구 생태계에서 지배적 종으로 군림하는 인류에게 주어진 책무다.

중력의 우물에서 벗어난 우주 승강기

물론 외계로 나아가는 일은 힘들다. 너무 힘들어서, 20세기 초엽까지만 해도 과학소설 속에서만 다루어졌다. 20세기 중엽에 인공위성들이 성공적으로 발사되면서, 우주여행은 현실적 사업이 되었다. 아직도 외계의 탐험엔 과학자들과 과학소설가들만이 관심을 보이지만, 외계로 나아가는 사업은 작은 이정표를 하나씩 세우고 있다. 멋지지만 현실성이 없었던 아이디어들이 점점 현실적으로 되어가고 더러 실현된다.

대표적인 것은 우주 승강기(space elevator)다. 치올콥스키가 처음 제안한 이 방안은, 모든 혁명적 아이디어들이 그러하듯, 어려운 문제를 간단한 방식으로 풀어서 근본적 향상을 약속한다. 지금 우주선들은 모두 로켓이다. 연료를 싣고 분사해서 이륙한다. 지구의 중력이 워낙 강하므로, 지구 '중력의 우물'에서 벗어나는 데 연료의 대부분이 쓰인다. 자연히, 엄청난 비용이 든다. 우주선이 자주 폭발한다는 사실이 가리키는 것처럼, 무척 위험하기도 하다. 연료가 폭발하는 힘으로 추진력을 얻으니, 우주인들은 폭탄 위에 앉은 셈이다. 지구 중력에서 벗어나는 일에서 로켓에 의지하는 한, 우주탐사는 비용이 너무 많이 드는 사업이 되어 발전할 수 없다. 우주 승강기는 이런 근본적 제약 요인을 간단한 방식으로 우회한다.

지구 상공으로 높이 올라가서 3만 5,800킬로미터에 이르면, 물체가 지구로 떨어지지 않고 지구를 선회하는 지구 동기 궤도(geosynchronous orbit)가 나온다. 이런 궤도들 가운데 적도에서 지구와 같은 방향으로 도는 것은 지구 정지 궤도(geostationary orbit)라 불린다. 이 궤도에 뜬 물체는 지상에서 바라보는 사람들에겐 늘 같은 지점에 떠 있는 것처럼 보이기 때문이다. 통신 위성은 바로 지구 정지 궤도의 특성을 이용한 것이다.

만일 지구 정지 궤도에 큰 인공위성을 띄우고 거기서 튼튼한 줄을 지상으로 내려 고정시키면, 물체들이 그 줄을 타고 오르내릴 수 있다. 우주로 올라가는 승강기가 되는 것이다. 균형을 잡기 위해서 인공위성에서 바깥쪽으로 줄을 길게 뻗는다. 이 방안의 장점은 이내 눈에 들어온다. 먼저, 로켓보다 비용이 적게 든다. 그리고 안전하다. 날씨의 영향을 받지 않으므로, 연속적으로 발사할 수 있다. 연료를 태워서 분사하지 않으므로, 환경오염도 크게 줄어든다.

우주 승강기가 지닌 매력은 지구의 자전을 우주선의 동력으로 이용한다는 점이다. 지구 정지 궤도에서 풀린 물체는 지구 둘레를 돌게 된다. 지구 정지 궤도 너머로 뻗은 줄을 따라 올라가면, 풀린 물체는 점점 멀리 갈 수 있다. 따라서 우주 승강기의 적절한 높이에서 발사되면, 우주선은 따로 연료를 쓰지 않더라도 목적지까지 갈 수 있다. 10만 킬로미터에서 풀린 물체는 자신의 힘으로 소행성대까지 갈 수 있다.

우주 승강기는 지구 중력을 쉽게 벗어나도록 하고 추진력도 제공한다. 그래도 광막한 공간을 항해하는 우주선은 엄청난 양의 추진력을 갖추어야 한다. 화학연료를 싣고서 분사하는 로켓은 실질적 방안이 되지 못한다. 연료를 얻기도 힘들지만, 연료를 실으면, 그것을 나르는 데 연료가 들어가서, 비효율적이다. 달이나 화성처럼 가까운 곳에 갈 때는 그 점이 그리 큰 문제가 되지 않지만, 거리가 훨씬 길어지면, 로켓 우주선은 실용적일 수 없다.

그런 문제점을 지닌 로켓의 대안이 햇살돛(solar sail)이다. 햇살을 돛에 받아 항해하는 우주선이다. 햇살이 끊임없이 뒤에서 밀어주므로, 햇살돛은 끊임없이 가속된다. 그래서 먼 거리를 가는 데는 다른 우주선보다 훨씬 빠르다. 물론 햇살은 돈이 들지 않는다. 화학연료를 만들어서 쓰는 방안에 따르는 환경오염도 피할 수 있다.

햇살돛을 처음 생각해낸 사람은 요하네스 케플러였다. 그는 혜

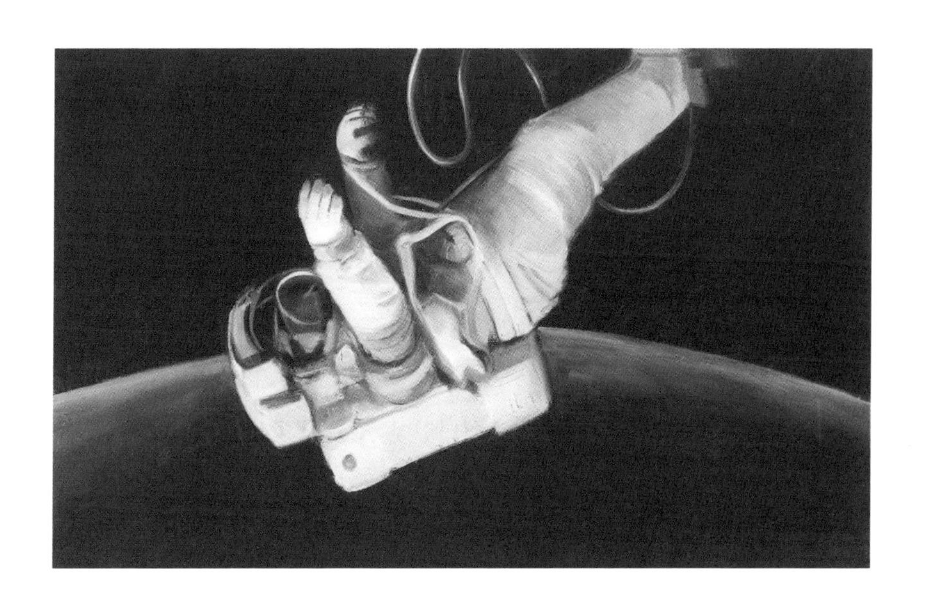

인류는 외계로 뻗어나갈 것이다. 그것만큼은 확실하다.
20세기 초엽에 분사 우주선을 이용해서 외계로 진출하는 방안을
처음 생각해낸 러시아 과학자 콘스탄틴 치올콥스키의 말대로,
"지구는 인류의 요람이다. 그러나 사람이 요람에 머물 수는 없다."
어떤 장애가 가로 막아도, 어떤 실패를 겪어도, 인류는 외계로 뻗어나갈 것이다.
그것이 인류의 숙명이다. 언젠가 기술이 충분히 발전하면,

대담하고 강인한 사람들은 외계로 나아갈 것이다.

성의 꼬리가 늘 태양의 반대쪽을 향한다는 사실에서 햇살이 바람과 같다고 생각했다. 1610년에 갈릴레오에게 쓴 편지에서, 그는 "하늘의 미풍에 맞는 배들이나 돛들을 마련하면, 그 허공까지도 용감하게 항해할 사람이 나올 것"이라고 예언했다. 19세기 중엽에 제임스 클러크 맥스웰(James Clerk Maxwell)이 전자기파에 관한 선구적 이론을 발표하자, 빛이 운동량을 지녀서 물체에 압력을 행사할 수 있다는 것이 증명되었다. 맥스웰의 논문이 나오자, 위대한 과학소설가 쥘 베른은 빛이나 전기를 이용한 우주선이 나오리라고 예언했다. 마침내 1976년 미국 제트추진연구소(Jet Propulsion Laboratory)는 핼리혜성과의 만남을 위해서 햇살돛을 설계하는 사업을 시작했다. 2010년엔 일본의 JAXA(일본 우주항공연구개발기구)가 합성수지로 만들어진 이카로스를 발사했다. 이 햇살돛은 금성 탐사 임무를 성공적으로 수행하고 태양을 향해 항해하고 있다.

외계의 탐험은 1957년 10월 4일에 소련이 첫 우주선 스푸트니크 1호를 쏘아 올리면서 시작되었다. 이어 1961년 소련은 첫 유인 우주선 보스토크 1호를 쏘아 올렸다. 마침내 1969년 7월 20일 미국 NASA는 아폴로 11호의 선장 닐 암스트롱(Neil Armstrong)의 보고를 들었다. "휴스턴, 여기는 정적의 바다 기지. 독수리 호 착

륙(Huston, Tranquility Base here. The Eagle has landed)." 암스트롱이 월면에 발을 디디며 한 말대로, 그것은 "인류의 거대한 발걸음(one giant step for mankind)"이었다.

우리는 지구 생태계와 함께 외계로 간다

화성에선 탐사 로봇들이 부지런히 화성의 조건들을 탐지해서 지구에 송신한다. 지구와 가깝고 모든 조건들이 지구와 아주 비슷한 화성에 인류가 정착하는 것은 시간 문제다. 여기서 강조되어야 할 것은 우리가 혼자 외계로 진출하는 것이 아니라는 사실이다. 우리는 지구 생태계와 함께 가는 것이다. 우리가 굳이 혼자 가려 해도, 우리는 혼자 갈 수 없다. 우리가 더불어 사는 박테리아를 떼놓고 갈 수는 없다. 그리고 외계에서 박테리아들은 우리 도움 없이도 번창할 것이다. 화성처럼 지구와 비슷한 행성에 한 번 닿으면, 지구 생태계의 기본인 박테리아는 화성에서 번창하기 시작할 것이고 아주 짧은 시간에 화성을 덮을 것이다. 물론 우리 자신을 위해서라도 우리는 생태계의 모든 종과 함께 나가려 애쓸 것이다. 우리 혼자 나간다면, 외계로의 진출은 그 뜻이 왜소해질 수밖에 없다. 빠르든 늦든, 태양계의 행성마다 지구 생태계가 재현될 것이다. 구체적 모습이야 서로 조금씩 다르겠지만, 구석마다 박테리아와 원생생물이 번창하고 햇살 바른 곳마다 푸른 식물이 하늘로 뻗고 곰팡이와 동물이 어우러져 자족한 체계를 이룰 것이다. 그것보다 벅찬 미래의 모습을 우리는 생각할 수 없다.

그리고 언젠가는 다른 별들로 향할 것이다. 인류가 이끄는 지구 생태계가 태양계에만 머물러야 할 이유는 없다. 하긴 우리가 속한 은하계(Milky Way galaxy)에만 머물러야 할 이유도 없다. 과학소설 작품들이 그린 거대한 은하 제국(galactic empire)도 물리적으로 불가능한 것은 아니다.

실제로, 1977년에 보이저 1호와 2호가 태양계 밖으로의 여행에 올랐다. 이 작은 우주선들은 1979년에 목성 가까이 가서 탐사한 뒤 바깥쪽 행성들을 차례로 관찰하고 마침내 2013년에 태양계를 벗어나서 컴컴한 성간 공간으로 들어섰다.

별들은 서로 너무 멀리 떨어져서, 다른 별들로의 여행은 쉽지 않다. 아무리 빠른 우주선이 나오더라도 사람이 아득한 성간 공간을 건너는 것은 거의 불가능하다. 그래서 엄청나게 큰 우주선에서 사람들이 공동체를 이루어 살면서 후손들이 목적지에 닿는 방안도 나왔다. 그런 세대 우주선(Generation Starship)은 멋진 생각이지만, 그렇게 큰 우주선을 움직일 동력은 아직 나오지 않았다.

지구 생태계가 재현될 날을 기다리며

설령 많은 별들에 인류가 정착하더라도 은하 제국이 나올 수 없다는 주장도 있다. 별들 사이의 거리가 워낙 멀어서, 정보 전달에 시간이 너무 많이 걸린다는 얘기다. 정보 전달이 늦으면, 사회의 응집력은 줄어든다. 태양계에 가장 가까운 별인 알파 센타우리는 4.3광년 밖에 있고 바너즈 스타는 6광년 밖에 있다. 10광년 안쪽에 있는 별들은 모두 7개뿐이다. 제국 한쪽에서 보내온 새로운 정보에 반응하는 데 여러 해 걸리면, 제국의 응집력이 클 수 없다.

그러나 지금 불가능한 것처럼 보이는 일도, 과학과 기술이 발전하면, 가능한 일로 될 수 있다. 생명의 끈질긴 힘에 대한 믿음이 큰 나로선 인류가 다른 별들에 지구 생태계를 재현하리라는 데 선뜻 걸겠다. 은하 제국이 나오기는 어렵겠지만, 지구에서 나온 생명들이 외계로 뻗는 것을 막을 만한 요인은 아니다.

광막하고 영속적인 우주를 생각하기엔 우리 목숨이 너무 짧고 우리 마음이 너무 작다. 일상의 작은 일들이 우리 마음을 붙잡고 좀처럼 놓아주지 않는다. 그래도 우리는 때로 하늘을 올려다보고 거기 진정한 변경이 있음을 자신에게 일깨워야 한다.

늦가을 하늘을 올려다보며, 별들을 찾아가는 우리 후손들을 그려본다. 그리고 우리가 상상할 수 없는 모습으로 진화했을 그들에게 성원을 보낸다.

아, 은하제국!

하면

어느 땅 어느 가슴이 빼근해지는가.

은하들을 갈라놓은

아득한 공간

그 아득함을 생각하면

공간이 점점 늘어나

내 가슴 가득 채워 마침내

내 가슴이 터져

팽창하는 우주 공간에

내 아픈 살을 뿌릴 것 같아라.

그래도 나는 꿈꾼다

외로운 우주선을 몰고서

석탄 부대 성운을 넘는 용감한 선장을

고고하게 무심한 외계 은하를 찾아가는

인류를 대변인을.

이 책에 실린
조이스 진의 그림들

복거일 생명 예찬

펴낸날 초판 1쇄 2016년 5월 27일

지은이 복거일
그린이 조이스 진
펴낸이 심만수
펴낸곳 (주)살림출판사
출판등록 1989년 11월 1일 제9-210호

주소 경기도 파주시 광인사길 30
전화 031-955-1350 팩스 031-624-1356
홈페이지 http://www.sallimbooks.com
이메일 book@sallimbooks.com

ISBN 978-89-522-3413-1 03400

※ 값은 뒤표지에 있습니다.
※ 잘못 만들어진 책은 구입하신 서점에서 바꾸어 드립니다.

이 도서의 국립중앙도서관 출판예정도서목록(CIP)은 서지정보유통지원시스템 홈페이지(http://seoji.nl.go.kr)와 국가자료종합목록시스템(http://www.nl.go.kr/kolisnet)에서 이용하실 수 있습니다.(CIP제어번호: CIP2016012399)

책임편집 · 교정교열 구민준